KB076283

나이 오십에 다 때려치우고
세계여행 떠난
우쌤의 **좌충우돌**
지구과학 이야기

나이 오십에 다 때려치우고
세계여행 떠난
우쌤의 **좌충우돌**
지구과학 이야기

우병걸 지음

집사재

나이 오십에 다 때려치우고
세계여행 떠난
우쌤의 **좌충우돌**
지구과학 이야기

초판 1쇄 인쇄 | 2017년 09월 20일
초판 1쇄 발행 | 2017년 09월 25일

지은이 | 우병걸
발행인 | 최화숙
편집인 | 유창언
발행처 | 집사재

등록번호 | 제1994-000059호
출판등록 | 1994. 06. 09.

주소 | 서울시 마포구 월드컵로8길 72, 3층-301호(서교동)
전화 | 02)335-7353~4
팩스 | 02)325-4305
이메일 | pub95@hanmail.net/pub95@naver.com

ⓒ 우병걸 2017
ISBN 978-89-5775-180-0 03450
값 15,000원

＊ 파본은 본사나 구입하신 서점에서 교환해 드립니다.
＊ 이 책의 판권은 지은이와 도서출판 집사재에 있습니다. 내용의 전부 또는 일부를
   재사용하려면 반드시 양측의 서면 동의를 받아야 합니다.

돌아보면 참 많이도 다녔다. 가까운 중국과 동남아, 멀리는 호주와 뉴질랜드에 이르기까지, 나와 아내, 아들 둘로 이루어진 온 가족이 틈만 나면 배낭을 꾸리고 훌쩍 길을 떠나곤 했다. 우리 가족에게 여행은 틀에 박힌 일상으로부터의 탈출이요, 책상머리가 아닌 직접 체험을 통해 세상의 다양함을 보고 배우는 산 교육의 현장이기도 했다.

이렇게 말하면 주위 사람들의 반응은 대략 두 마디쯤으로 요약된다. '부럽다'와 '팔자 좋네.' 도대체 뭐 하는 사람이기에 그렇게 마음 내킬 때마다 여행을 떠날 수 있을 만큼 돈과 시간이 넉넉한가? 팔자가 좋은지 어떤지는 아직 조금 더 살아봐야 알겠지만, 분명한 것은 내가 남들이 흔히 생각하는 것만큼 시간적, 경제적 여유가 넘쳐흘러 여행을 다닌 것은 아니라는 점이다.

다행히 아내와 나는 둘 다 교직에 몸을 담고 있어 시간을 내기는 그리 어렵지 않았다. 교사라는 직업의 가장 큰 장점 가운데 하나인 '방학'이 있으니까. 그러나 돈은 별개의 문제다. 지금은 교사의 처우가 많이 좋아져서 더 이상 '박봉에 시달린다'는 표현은 어울리지 않지만 그렇다고 철마다, 방학마다 흥청망청 해외여행을 다니기에 충분할 정도의 수입이 보장되지는 않는다.

하지만 적어도 우리에게 돈은 문제가 되지 않았다. 돈이 없으면 빚을 내서라도 다녔다. 문제는 간단하다. 인생의 목표에서 돈을 우선순위에 두지 않으면 된다. 자식 공부시키고 노후 준비하려면 개미처럼 한 푼 두 푼 모아야 한다고 생각하는 사람들도 있겠지만, 나는 식구들 밥만 굶기지 않으면 된다는 쪽에 가깝다. 있는 돈 없는 돈 탈탈 긁어서, 그것도 모자라면 빚까지 내서 여행을 떠나도, 다녀와서 또 열심히 일해 갚으면 되지 않는가.

그러던 우리가 급기야 대형 사고를 저질렀다. 2013년, 아내와 나는 정년이 보장되는 교사 생활을 스스로 접었다. 초등학교와 고등학교에 다니던 두 아들은 자퇴서를 냈다. 그러고는 커다란 배낭을 하나씩 짊어지고 길을 떠났다. 많은 사람들이 꿈에 그리는 세계일주의 첫걸음을 뗀 것이다.

홍콩과 마카오를 거쳐 인도에서 본격적인 여행이 시작되었다. 히말라야를 거쳐 중동과 아프리카, 유럽을 둘러보는데 6개월이 걸렸다. 이어서 북미 대륙으로 넘어가 미국과 캐나다를 동서와 남북으로 가로지른 끝에, 지금은 캐나다 서부의 어느 조그만 도시에 잠시 눌러앉았다. 이제 중남미만 한 바퀴 돌면 그럭저럭 세계일주의 구색은 맞춰지는 셈이다.

세계일주를 꿈꾸는 사람은 많다. 여행을 떠나기 전, 내가 정보를 수집하기 위해 가입해 활동했던 인터넷 카페의 회원만 십만 명이 넘는다. 그들 가운데 상당수가 이미 꿈을 이루었거나 이뤄가는 과정에 있다. 그런 분들에 비하면 나는 아직 여행을 끝마치지도 못했을뿐더러 뒤따라올 분들에게 도움이 될 만큼 꼼꼼하게 나의 경험과 정보를 정리해 두지도 못했다.

그럼에도 불구하고 내가 이 시점에서 지난 여행의 경험을 정리해보기로 마음먹은 것은 보다 알찬 세계여행을 즐길 수 있는 비법을 소개하기 위해서가 아니다. 비법은커녕 우리의 여행은 차마 말하기조차 낯 뜨거울 만큼 수많은 시행착오와 계획 변경으로 점철되어 있다. 그러나 그런 오류와 실수조차도 우리 여행의, 더 크게는 우리 인생의 한 과정이라고 본다면, 결코 후회하거나 부끄러워할 일은 아니지 않겠는가.

나는 대학과 대학원에서 지질학을 공부했고, 경상 분지의 백악계를 연구한 논문으로 박사 학위를 받았다. 그 뒤 아이들이 좋아 20여 년 동안 고등학교에서 지구과학을 가르쳤다. 그런 나에게는 지구의 어느 모퉁이에서 우연히 발에 차이는 돌멩이 하나조차 예사롭지 않다. 흔하디흔한 돌이지만, 그 돌 하나하나에 지구와 인류의 역사가 담겨 있다.

낯선 곳의 아름다운 자연 경관에 입이 벌어지는 것은 당연한 일이지만, 나는 그때마다 왜 저 땅에 저런 풍경이 펼쳐질 수밖에 없는지를 짚어 본다. 그럴 때마다 놀라움과 신기함보다는 오히려 그것이 너무나 당연한 자연의 질서임을 깨닫고 고개를 끄덕이게 된다.

일개 고등학교 과학 선생이 지구의 모든 비밀을 알고 있을 리는 없다. 아직도 지구 곳곳에는 우리의 상상을 초월하는 어마어마한 비밀이 숨어 있다. 하지만 우리가 발붙이고 사는 이 땅, 우리가 매일같이 보고 듣는 자연 현상에 대해 조금 더 관심을 가져보는 것이 지구의 세입자인 우리가 갖춰야 할 최소한의 예의가 아닐까.

간단한 예를 하나 들어보자. 내 고향은 경북 안동의 시골 마을이다. 명절이나 제사 때면 많은 일가친척들이 모인다. 같은 동네에서 오랫동안 살아온 분들에게 시험 삼아 초승달이 어느 쪽에서 떠서 어느 쪽으로 지는지 물어보았다. 제대로 대답하는 사람이 거의 없었다. 심지어 지금 하늘에 걸린 저 손톱 같은 달이 초승달인지 그믐달인지를 자신 있게 말할 수 있다면, 장담하건대 그 사람은 대한민국 전체 국민 가운데 10퍼센트 안에 드는 과학 영재다.

요즘이야 저 달이 초승달인지 그믐달인지 몰라도 먹고 사는데 아무 지장이 없지만, 달력이 귀하고 시계가 없던 시절의 사람들은 해와 달과 별의 움직임을 통해 시간을 짐작하고 계절을 파악했으며 언제 밭을 갈고 언제 씨를 뿌려야 할지를 알아냈다. 그런 점에서는 오히려 우리의 선조들이 우리보다 더 과학적인(?) 삶을 살았던 것인지도 모른다.

아는 만큼 보인다는 말이 있듯이, 똑같은 그랜드 캐니언을 보고 똑같은 로키 산맥을 봐도 기본적인 사전 지식이 있는 사람과 그렇지 못한 사람이 느끼는 감동에는 적지 않은 차이가 생길 것이다. 여행을 다니다가 멋있는 경치를 발견하면 단지 눈에 보이는 것뿐만 아니라 그 속에 깃든 사연을 한 번쯤 생각해 보는 것도 괜찮지 않을까. 비록 나도 많이 알지는 못하지만, 우리의 여행을 조금이라도 더 풍요롭게 만드는데 도움이 될 만한 이야기들을 이 책에서 정리

해 보려고 노력했다. 대부분 지구와 관련된 상식적인 이야기들인
만큼, 꼭 여행을 떠나지 않더라도 누구나 부담 없이 읽고 뭔가 하나
라도 건질 수 있는 책이 되었으면 좋겠다.

끝으로 이 책이 나오기까지는 많은 분들의 도움이 있었다. 먼저
보잘것없는 원고를 책으로 엮어내 준 집사재 사장님과 처음부터 끝

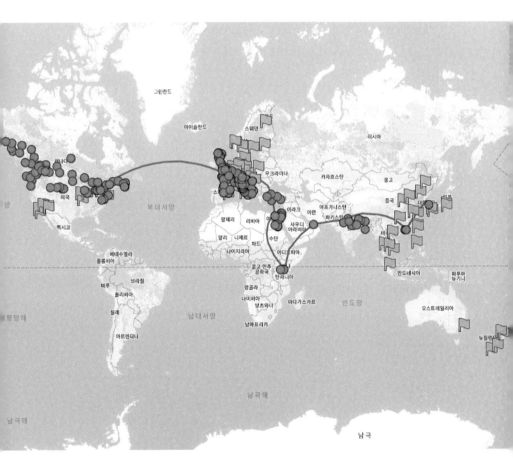

〈지도 0-1〉 **여행 지역과 이동 경로**
[●는 2013년 이후, ▶는 그 이전에 여행한 지역이다.]

까지 모든 내용을 꼼꼼히 검토해준 하동기, 안중렬 지구과학 선생님, 그리고 기획에서 출판에 이르는 전 과정을 지도, 안내해준 안종설 작가님께 진심으로 감사를 드린다. 또한 지질 분야의 자문을 해준 친구 이진국, 추창오 박사께도 고마움을 전한다.

그보다 앞서 맨 처음 먼길을 떠나려고 했을 때 적극적인 지지와 격려로 용기를 준 양가 부모님과 친지들, 그리고 친구, 동료 및 지인들의 고마움도 잊을 수 없다. 무엇보다도 이 모든 것들은 언제나 함께하고 있는 가족들이 있기에 가능했음을 미리 밝혀두고 싶다.

차례

4장 · 지구의 과거, 현재, 그리고 미래

1장

산, 바다, 그리고 사막

1

히말라야와 온천

"아들! 힘내. 조금만 더 가면 된다."

자꾸만 뒤처지는 막내를 연신 채근하며 걸음을 옮기지만, 아닌 게 아니라 나부터 그 자리에 주저앉고 싶은 마음이 굴뚝같다. 말로만 듣던 히말라야 안나푸르나 트래킹. 굵은 빗줄기를 맞으며 녹음이 우거진 산자락에서 시작한 트래킹이 사흘째로 접어들자, 어느새 고도는 해발 3천 미터를 훌쩍 넘었고 주위는 설경이 한창이다. 1월에도 섭씨 25도에 육박하는 인도에서 보름 가량 머물다 네팔로 넘어온 참이라, 불과 며칠 사이에 한여름부터 한겨울까지 사계절을 모두 경험한 셈이다.

명색이 세계 일주를 나선 우리 가족에게 히말라야는 빠뜨릴 수 없는 코스 가운데 하나다. 그중에서도 내가 히말라야에서 특별히 목표로 삼은 두 가지가 있으니, 바로 안나푸르나 트래킹과 포카라에서의 패러글라이딩이었다.

패러글라이딩은 원래 내 버킷리스트의 상당히 높은 순위를 차지하고 있었다. 나이 지긋한 영화 팬이라면 혹시 기억하실지 모르겠는데, 1970년대 후반에 〈스카이 하이〉라는 홍콩 영화가 있었다. 경상북도 안동, 거기서도 한참을 더 들어가는 깡촌 출신인 나는 사춘기가 훨씬 지나서야 제대로 된 극장을 구경했는데, 그때 생애 처음으로 본 영화가 바로 〈스카이 하이〉였다. 배우와 스토리는 다 잊었어도 경찰이 행글라이더를 타고 범인을 쫓는 장면만은 지금도 눈에 선하다. 그 영화를 본 뒤로 나는 행글라이더를 타고 학교에 등교하는 꿈을 꾸곤 했다. 어찌 된 영문인지 잘 날아가다가 어김없이 고압선 전깃줄에 걸리는 바람에 비명을 지르며 잠에서 깨야 했지만.

대학 시절 교내에 행글라이더 동호회가 있었는데, 당시만 해도 엄청난 비용과 사고 위험성 때문에 감히 엄두를 내지 못했다.

이번 여행을 준비하면서 네팔의 포카라라는 휴양 도시가 세계 3대 패러글라이딩 명소 가운데 하나라는 사실을 알고 주저 없이 일정을 잡았다. 네팔에 도착해서 처음 이틀 동안은 느긋하게 카트만두 시내를 둘러보며 인도에서 받은 실망감과 당혹감을 씻어냈다.

이윽고 포카라로 이동한 다음 날, 나는 가족을 이끌고 꿈에 그리던 패러글라이딩에 나섰다. 사실 사람은 누구나 병적인 두려움까지는 아니라 해도 어느 정도의 고소공포를 가지고 있다. 나 역시 정작 별다른 안전장치도 없이 수백 미터 상공으로 올라간다고 생각하니 일말의 긴장감과 공포심을 느꼈다. 그래도 나름대로 씩씩한 표정을 유지하려고 애썼는데, 나중에 아이들 이야기를 들어보니 마치 도살장에 끌려가는 소 같았다고 한다……ㅜㅜ. 물론 초보자가 혼자 탈 수는 없고, 자격증을 갖춘 파일럿이 조종하는 패러글라이

더에 몸만 의탁하는 수준이었지만, 그래도 히말라야를 배경으로 한 마리 새처럼 창공을 나는 경험은 평생의 추억으로 간직하기에 부족함이 없었다.

〈사진 1-1〉 **포카라 패러글라이딩**

1. 하늘에서 내려다 본 포카라
2. 너무나 평화로운 포카라 호수 : 멀리 히말라야의 고봉들이 보인다.

다음 날, 드디어 안나푸르나 대장정이 시작되었다. 아침부터 간간이 빗방울이 떨어지는 가운데 우리가 대절한 택시가 숙소에 도착했다. 굴러가는 게 신기하다고 느낄 만큼 낡은 7인승 일제 지프차였는데, 우리 네 식구가 편안하게 뒷좌석에 올라 출발할 때까지만 해도 별 문제가 없었다.

하지만 수시로 변하는 히말라야의 날씨답게 트래킹의 출발 지점인 나야풀에 도착하자 장대비로 바뀌었다. 어쩔 수 없이 차로 갈 수

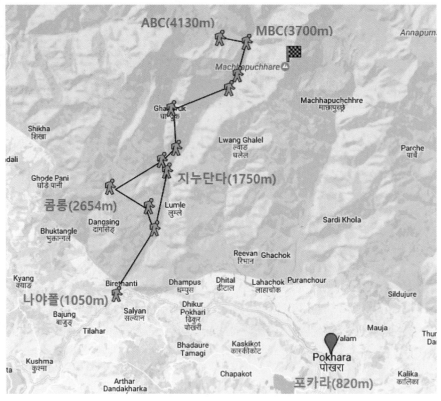

〈지도 1-1〉 **안나푸르나 트래킹 코스**

있는 곳까지는 계속 가기로 계획을 바꾸었다. 하지만 웬걸, 중간중간에 한 명 두 명 타기 시작하더니, 나중에는 운전석까지 승객이 차지하고 기사는 한쪽 옆으로 비스듬히 끼어 앉아서 운전을 하는 것이 아닌가. 도로는 온통 진흙탕이고 길가에 깎아지른 절벽이 입을 벌리고 있는데도 기사가 사람들과 웃고 떠들며 거침없이 차를 모는 동안, 우리 가족은 사색이 되어 입도 벙긋하지 못하고 공포에 떨었다. 급기야 또 차가 멈춰 서더니 청년들 몇 명이 염소를 한 마리 끌고 차 지붕으로 올라가는 것을 보고는 아예 눈을 질끈 감아 버렸다.

우리의 최종 목적지는 이른바 ABC라 불리는 안나푸르나 베이스캠프. 말이 베이스캠프지, 고도는 해발 4,130미터에 이른다. 세계에서 열 번째로 높은 산이라는 안나푸르나 정상이 8천 미터가 넘는다는 것을 감안하면 절반 정도를 간신히 올라가는 셈이지만, 아마추어에게는 벅찬 높이가 아닐 수 없다.

히말라야 트래킹을 앞두고 몇 달 전부터 체력 훈련을 하는 등 만반의 채비를 갖추는 이들도 많다. 하지만 젊을 때부터 조기축구로 단련된 나는 솔직히 체력에 대해서는 별 걱정을 하지 않았다. 대신 평소에 운동과는 담을 쌓고 살아온 아내가 얼마나 견뎌줄지 걱정했는데, 뜻밖에도 놀라운 아줌마 파워(?)를 발휘하며 씩씩하게 산을 오르는 모습이 무척 믿음직스러웠다.

그러나 정신력만으로 체력의 한계를 극복할 수는 없다. ABC가 빤히 올려다보이는 MBC(마차푸차레 베이스캠프)에 다다르자, 아내와 두 아들은 탈진에 고산병 증세가 합쳐져 더 이상 한 걸음도 옮길 수 없는 상태가 되고 말았다. 나 역시 힘들기는 마찬가지지만, 가장의 자존심을 지키기 위해서라도 세 사람을 남겨놓고 가이드와 둘이서 ABC를 향해 출발했다. 악전고투 끝에 ABC에 도착하기는 했지만 나 역시 고산병을 피해갈 수는 없었다. 팔다리가 천근만근 무겁고 머리가 빠개질 듯이 아파서 숙소에 들어가자마자 저녁도 못 먹고 그대로 곯아 떨어졌다.

다음 날 아침에 일어나보니 간밤에 내린 눈에 묻혀 길이 사라져버렸다. 가이드와 함께 없는 길을 뚫어가며 절반쯤 내려오니 밑에서 올라오던 등반객들과 마주쳐 그 다음부터는 그들이 뚫은 길로 조금은 수월하게 내려올 수 있었다. MBC에서 기다리고 있던 가족과 상봉하는 순간, 딱 하룻밤의 이별일 뿐이었지만 그렇게 반가울 수가 없었다(물론 내색은 하지 않았다).

〈사진 1-2〉 **안나푸르나 가는 길**

1. 롯지(숙소) 2. 산속 학교
3. 끝없는 돌계단 4. '물고기의 꼬리 모양(Fishtail)' 이란 뜻을 가진 마차푸차레(1993m)
5. 눈덮인 MBC 6. ABC(안나푸르나 베이스 캠프)

히말라야에는 온천이 '거의' 없다

하산길의 하이라이트는 역시 온천이었다. 해발 1,780미터의 지누 단다라는 곳에 지누 온천이 있다. 차가운 계곡 물과 제법 뜨끈뜨끈한 온천수가 나란히 흘러내리는데, 그 가운데 온천수를 모아 우리나라의 1960년대 대중목욕탕 같은 노천 온천을 만들어 놓았다.

히말라야에 온천이라……. 아시다시피 온천은 화산 활동이 활발한 곳에서 주로 발달한다. 화산 폭발과 지진으로 몸살을 앓는 일본에 온천이 많은 이유가 바로 그것이다. 하지만 히말라야 산맥에서 화산이 폭발했다는 뉴스를 본 적이 있나?

지구과학 시험에 히말라야 산맥의 화산 활동 빈도를 묻는 문제가 종종 나온다. 정답은 '잦다'도, '전혀 없다'도 아닌 '거의 없다'이다. 땅속의 마그마가 지표 위로 뚫고 올라오는 것이 화산인데, 히말라야 일대는 대륙이 충돌하면서 높은 압력과 그에 따른 온도의 상승으로 마그마가 만들어질 수는 있지만, 대부분 지표까지 뚫고 올라오지 못하고 지하 깊은 곳에서 식어 버린다. 그래서 마그마가 지하 깊은 곳에서 굳어 생성되는 화강암 같은 심성암은 볼 수 있으나, 마그마가 지표로 흘러나와 생성되는 현무암이나 유문암 같은 화산암은 거의 없다.

따라서 히말라야에는 온천도 '거의 없다.'

온천은 일반적으로 화산 활동의 영향으로 화산의 특별한 성분들이 많이 녹아 있는 따뜻한 지하수를 말한다. 온천이 있는지의 여부가 그 지역에서 최근에 화산 활동이 있었는지를 판단하는 기준이 된다. 그러니 우리가 다녀온 지누 온천은 히말라야 전체를 통틀어 몇 안 되는 '귀한' 온천 가운데 하나였던 셈이다.

여기서 한 가지 의문이 생긴다. 우리나라도 화산 활동이나 지진이 거의 없기는 마찬가지인데, 전국적으로 온천의 숫자는 꽤 많지 않나? 하지만 앞서 얘기한 것처럼 화산 활동으로 인한 온천을 진짜배기(?)라고 본다면, 우리나라 온천의 상당수는 무늬만 온천이다.

일반적으로 온천은 다음 세 가지 조건을 갖추어야 한다. 첫째로 땅 위까지 끌어올린 물의 온도가 섭씨 25도 이상이어야 하고, 둘째는 물 속에 인체에 유해한 성분이 없어야 한다. 셋째는 당연한 이야기지만 많은 사람들이 즐길 수 있을 만큼 수량이 풍부해야 한다.

이 가운데 첫 번째 조건, 즉 수온의 기준을 맞추기는 그리 어렵지 않다. 땅속으로 내려가면 갈수록 지열 때문에 온도는 자연히 올라가기 마련이다. 일반적으로 100미터를 내려가면 섭씨 3도가 높아지는 것으로 알려져 있는데, 지표수의 온도를 평균 15도로 볼 때 400미터만 파고 들어가면 25도가 된다. 또한 아주 특수한 경우가 아닌 이상 깊은 땅속에서 끌어올린 물에는 각종 미네랄 성분이 많이 녹아 있어 오히려 사람의 몸에 좋은 것으로 알려져 있으니 두 번째 조건도 큰 문제가 되지 않는다. 그러나 마지막 세 번째, 즉 충분한 수량만은 인위적으로 해결이 되지 않는다. 바꿔 말해서 지하 심부에 지하수만 풍부하다면 어디나 온천이 될 수 있다는 뜻이다.

우리나라의 경우 그 연원이 길게는 삼국시대까지 거슬러 올라가는 동래 온천 등 몇몇 유서 깊은 온천을 제외하면, 비교적 최근에 생긴 온천들은 대부분 법으로 정해진 온천의 범주를 간신히 충족하는 수준이다.

개발업체나 지방자치 단체에서 수익 사업을 위해 위락 단지를 조성할 때 온천이 하나 있으면 완벽하게 모양새가 갖춰지는데, 첫 번째와 두 번째 조건만 보고 성급하게 사업을 추진하다가 마지막 세 번째 조건이 충족되지 않아 낭패를 보는 경우가 허다하다고 한다.

〈사진 1-3〉 **지누온천**

히말라야 산맥은 어떻게 생겨났을까

다시 히말라야로 돌아가서, 지금은 세계의 지붕이라 불리는 이 높고 험준한 산맥이 예전에 바다였다는 사실은 사뭇 충격적이다. 7천만 년 전, 남반구에 있던 인도 대륙이 북상해 유라시아 대륙과 충돌하면서 바다 밑바닥이 밀려 올라와 지금의 히말라야 산맥이 되었다는 것이다. 놀라운 것은 인도 대륙이 북상한 속도인데, 7천만 년 전에 남위 41도에 있던 대륙이 지금은 북위 7도까지 올라왔으니 거리로 따지면 약 5,000킬로미터에 이른다. 어림잡아 1년에 평균 7센티미터씩 이동한 셈이다. 1년에 7센티미터라면 인간의 감각으로는 체감할 수 없는 거리일지 모르나, 대륙의 이동으로는 상당히 빠른 편에 속한다.

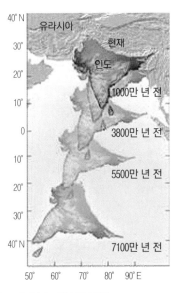

〈그림 1-1〉 **인도 대륙의 이동** (출처-금성, 지구과학교과서)

히말라야 산맥이 예전에 바다였다는 증거는 수없이 많지만, 가장 대표적인 것이 바로 히말라야 소금이다. 바다였을 때의 소금 성분이 암염의 형태로 남아 있고 인도와 네팔, 파키스탄 등 히말라야 주변의 각국에서 소금 광산을 개발해 전 세계에 공급하고 있다. 우리나라에서는 일본의 원전 사고 이후 바닷물에서 채취한 천일염이 방사능에 오염되었다고 하여 이 히말라야 돌소금이 이른바 명품 소금으로 유행한 적이 있는데, 지금도 인터넷 쇼핑을 통해 어렵지 않게 구할 수 있다.

또 하나의 증거는 높은 히말라야 산꼭대기에서 조개와 물고기를 비롯한 해양 생물들의 화석이 수없이 발견된다는 점이다. 히말라야뿐만 아니라 유럽의 알프스, 북미의 로키, 남미의 안데스 등 전 세계의 대표적인 산맥에서 조개 화석이 발견되는데, 1900년대 초반까

〈그림 1-2〉 **대륙의 분포와 판(Plate)의 경계**

[지진이나 화산 등의 지각 변동은 주로 판의 경계 지역에서 발생한다]

지만 해도 종교계에서는 이것을 노아의 홍수가 실제로 일어난 사건임을 입증하는 증거로 받아들였다. 성경에 나오듯 엄청난 홍수가 전 세계를 휩쓸어 높은 산들까지 물에 잠겼기 때문에 이런 현상이 나타난다는 것이다.

이 자리에서 노아의 홍수가 역사적 사실이냐 아니냐를 거론하고 싶지는 않다. 그러나 1912년에 '대륙이 이동한다.' 는 그야말로 경천동지(驚天動地)할 주장이 나온 이후, 1960년대 들어 이른바 '판구조론' 이 이론적으로 정립된 다음부터는 높은 산에서 발견된 조개나 물고기의 화석이 대홍수의 직접적인 증거라는 주장은 힘을 잃게 되었다.

지구는 살아서 움직이는 생명체와 같다. 앞에서 인도 대륙이 1년에 7센티미터를 이동한 것이 엄청난 속도라고 말했지만, 사실 대륙의 이동이나 그로 인해 산맥이 형성되는 등의 과정은 기껏해야 100년을 살 뿐인 인간의 관점으로는 직접적인 관찰이 불가능하다. 대신 지진이나 화산 활동을 보면 지구가 살아서 움직인다는 말을 실감할 수 있다.

판구조론을 간단히 설명하자면, 지구가 여러 개의 판(암석권)으로 이루어져 있고 이 판들이 그 아래를 받치고 있는 맨틀의 대류로 인해 갈라지고 서로 부딪히면서 여러 가지 지각 변동을 일으킨다는 내용이다. 그래서 지진과 화산 활동은 주로 판의 경계 지역에서 많이 일어난다. 그 지역에 사는 사람들이 무슨 특별한 죄를 지어서가 아니다. 여담이지만 우리나라는 옛날 공룡이 살았던 시기에 지금의 일본과 같이 지진과 화산 활동으로 몸살을 앓았다.

이런 지각 활동, 특히 지진이나 화산 폭발은 우리 같은 평범한 인간에게는 공포의 대상이기도 하다. 세계 곳곳에서 대지진이 발생할 때마다 수많은 사람이 목숨을 잃는 등 막대한 피해가 발생한다. 과학 기술이 더욱 발전해서 지진을 막을 수 있는 방법이 개발되었으면 좋겠다고 생각하는 사람도 있다.

하지만 만약 정말로 지진이나 화산 활동을 포함한 지각 변동이 전혀 일어나지 않는다면 어떻게 될까? 결론부터 말하면, 온 세상이 물로 뒤덮여 사람은 더 이상 땅 위에서 살아갈 수가 없게 된다. 아시다시피 지구 표면의 70퍼센트가 바다일 뿐 아니라, 바다의 깊이는 지상의 산의 높이보다 훨씬 깊다. 지진(지각 변동)이 일어나지 않고 풍화와 침식 작용만 계속 되풀이되면 언젠가는 땅이 다 깎여 차곡차곡 물속에 잠기고 말 것이다. 세상에 쓸데없이 일어나는 일은 없다.

〈지도 1-2〉 **인도-네팔 여행 경로**

이해하기 힘든 나라, 인도

인도에서 네팔로 이어지는 여행 초반은 상당히 힘이 들었다. 특히 인도는, 가기 전부터 먼저 다녀온 여러 사람들에게서 들은 이야기가 있어 어느 정도 각오는 했지만, 그 이상이었다. 인도를 갔다온 사람들의 평가는 극명하게 갈렸다. 너무나 감명을 받아서 틈만 나면 인도를 다시 찾는 사람들이 있는가 하면, 도대체 세상에 이런 나라가 다 있느냐면서 두 번 다시 가지 않겠다는 사람들도 있다.

나는 후자에 속한다. 여행 도중에 만난 사람들 대부분은 나와 비슷한 생각이었다. 사실 떠나기 전에 인도에 대해서는 나름 공부를 했다. 그러나 처음 공항에 내려서 숙소로 가는 도중에 이미 예상은 빗나갔다. 한 마디로 충격이었다. 우리를 마중 나온 승합차에는 운전에 필수적인 거울(사이드미러, 백미러 등)이 하나도 없었다. 옆에 있는 다른 차들도 마찬가지였다. 그것은 시작에 불과했다.

한 번은 바라나시에서 콜카타(옛 지명 캘커타)까지 야간 열차를 이용했는데, 우리가 탈 기차는 출발 예정 시간보다 무려 2시간 늦게 도착하고서도 1시간을 더 있다가 출발했다. 가는 도중에도 역도 아닌 곳에 몇 번이나 제멋대로 정차를 하더니, 결국 다음 날 오전에 도착할 예정이던 기차는 저녁 무렵이 되어서야 도착했다. 거리상으로 3백 킬로미터가 채 안 되는, 우리나라 KTX 같으면 한 시간밖에 걸리지 않을 거리를 가는데 거의 하루가 걸린 셈이다.

기차 안에서 식사도 제대로 하지 못하고 그 이후의 일정도 완전히 망가졌지만, 어느 누구도 미안해하거나 사정을 설명해주지 않았다. 더 놀라운 것은 현지 승객들 중에는 아무도 짜증을 내거나 불평을 하는 사람이 없다는 점이었다. 그냥 '인도의 기차는 와야 오고 가야 간다' 는 소문을 확인했을 뿐이었다.

한 번이라도 인도에 가본 사람이라면 이런 에피소드는 그야말로 빙산의 일각, 이야깃거리조차 되지 못한다는 사실을 알 것이다. 내 눈에 비친 인도는 무법천지의 정글 그 자체였다. 생존을 위해서는 어떤 거짓도 불법도 당연(?)히 통용되고, '인연' 과 '신' 이면 모든 게 통하는 사회처럼 보였다.

인도에서 겪은 사건을 하나만 더 소개하고 넘어가자. 어느 사원에 구경을 갔을 때의 일인데, 현관에서 신발을 벗고 들어가도록 되어 있었다. 살짝 불안한 마음이 들었지만 신발 도난을 감시한다는 건장한 청년이 지키고 서 있길래 그냥 벗어 놓고 들어갔는데, 나와 보니 아니나 다를까 내 신발이 사라지고 없었다.

이번 여행을 앞두고 한국에서 꽤 비싼 돈을 주고 새로 장만한 등산화였다. 당장 며칠 후면 네팔로 넘어가 안나푸르나 트래킹을 해야 하는데 등산화를 잃어 버렸으니 낭패가 아닐 수 없었다. 현관을 지키던 청년은 아무것도 못 봤다며 눈만 껌뻑거리고, 사무실에 찾아가서 하소연하니 자기네 소관이 아니라는 대답만 돌아왔다. 혹시나 하는 마음에 사람들이 신고 있는 신발만 쳐다보며 맨발로 한 시간이 넘게 사원 안팎을 돌아다녔지만 허사였다.

허탈한 마음에 숙소로 돌아와 쉬고 있는데, 호텔 프론트에서 연락이 왔다. 누가 나를 찾아왔다는 것이었다. 나가 보니 인도 청년 두 사람이 등산화를 한 켤레 들고 와서 내 신발이 맞느냐고 했다.

안타깝게도 내 것이 아니었고 너무 작아서 대신 신을 수도 없었지만, 너무 신기해서 나를 어떻게 찾아왔느냐고 물어보았다.

낮에 내가 신발을 찾아 헤매는 걸 봤는데, 조금 전에 우연히 주인 없는 신발을 발견해서 혹시 내 것인가 하고 나를 찾기 위해 근처의 숙박 시설을 샅샅이 뒤졌다는 것이었다. 비록 내 신발을 찾지는 못했지만 그 이름 모를 청년들의 순박한 마음씨가 얼마나 고마운지 몰랐다.

이렇듯 어디에나 착한 사람들은 있기 마련이지만, 인도에는 솔직히 나로서는 좀처럼 이해하기 힘든 행동을 하는 사람들이 훨씬 많았다. 아직도 굳건히 남아 있는 카스트 제도나 갠지스 강가에서 밤마다 열리는 종교 의식에 그렇게 많은 사람들이 모이는 것을 이해하기까지는 많은 시간이 걸릴 것 같다. 지금도 인도를 떠올리면 마치 꿈속에서 갔다 온 느낌이지만, 언젠가 제대로 공부를 해서 다시 한 번 꼭 가고 싶은 나라이기도 하다.

〈사진 1-4〉 **인도**

1. 인도인들이 가장 신성시 여기는 갠지스강 : 이곳에서 목욕을 하면 면죄받을 수 있고,
   죽어서도 자신의 유골이 이곳에 뿌려지는 것을 가장 큰 축복으로 생각한다.
2. 많은 사람들로 붐비는 거리 : 주요 이동 수단인 오토 릭샤(노란색)는 인기가 많다.
3. 타지마할(아그라) : 사랑했던 연인을 위해 22년 동안 지었다는 세계 최고의 건축물 중 하나다.
4. 카주라호의 힌두교 사원 : 사원의 안과 밖에는 기기묘묘한 형상들이 조각되어 있다.

②

동아프리카 열곡대와 인류의 조상

원래 우리는 히말라야 여행이 끝난 뒤 남아프리카 공화국으로 넘어갈 예정이었다. 거기서 이른바 '트러킹'이라 해서 전 세계 여러 국가에서 온 다른 여행자들과 함께 숙박 시설이 갖추어진 커다란 트럭을 타고 아프리카 대륙을 거슬러 올라가는 여정을 계획하고 예약까지 다 마친 상태였다.

아프리카를 여행하기 위해서는 사전에 밟아야 할 준비 과정이 만만치 않다. 특히 황열병과 말라리아를 비롯한 갖가지 풍토병을 예방하기 위해 여행을 떠나기 전은 물론 그 이후에도 한동안 챙겨 먹어야 하는 약이 한두 가지가 아니다. 그런데 막상 네팔 여행을 마치고 남아프리카 공화국으로 떠나려고 하니, 큰아들이 인터넷으로 이런저런 자료를 찾아보고는 아무리 봐도 너무 위험할 것 같다고 잔뜩 겁을 먹는 것이었다. 며칠 전에도 케이프타운 시내에서 총기 사고가 일어나 사망자가 발생했다는 둥, 어떤 여행객은 강도를 당해 배낭을 모두 뺏기고 여행을 포기했다는 둥, 온갖 흉흉한 소문이 나

돈다고 했다. 급기야 작은 아들마저 형의 편을 들고 나서니 도저히 내 고집만 앞세울 수가 없었다.

부랴부랴 비행기표를 케냐행으로 바꿔서 아랍에미레이트를 거쳐 나이로비 공항에 도착했다. 공항에서 숙소까지 가는 동안 고층 건물과 화려한 네온사인으로 이루어진 시내 풍경이 서구의 여느 대도시나 별반 다를 바가 없다고 생각했는데, 막상 숙소에 도착하니 입구에 무장한 경찰이 지키고 서서 출입하는 사람들의 신분증과 짐을 샅샅이 검사하고 있었다. 왠지 분위기가 심상치 않다 싶었다. 일단 짐을 풀고 시내 구경을 하러 나가려 했는데, 숙소 주인이 웬만하면 나가지 말고 꼭 나가려면 아무것도 들고 가지 말고 빈손으로 가라는 것이었다. 왜 그러냐고 했더니, 숙소 주인은 이런 한심한 사람을 봤나 하는 표정으로 우리를 쳐다보았다.

알고 보니 나흘 뒤에 대통령 선거가 있는데, 정국이 워낙 불안해서 외국인들은 이미 다 케냐를 빠져나갔다는 것이다. 그도 그럴 것이, 5년 전의 대통령 선거 이후 부정선거 의혹 때문에 폭동이 일어나 수많은 사람들이 죽었는데, 이번에도 그때와 비슷한 유혈 사태가 일어날 조짐이 보여 모두가 초긴장 상태에 빠져 있는 참이었다. 그런 판국에 남아프리카 공화국이 위험하다고 일부러 이곳 케냐로 들어왔으니…….

아무리 그렇다 해도 설마 별일이야 있겠나 싶어 아이들은 숙소에 두고 아내와 둘이 밖으로 나왔다. 거리는 한산한 가운데 특히 외국인의 모습은 거의 보이지 않았고, 모든 식당과 상점에 들어가려면 일일이 몸수색을 거쳐야만 했다.

그렇다고 숙소에만 있을 수는 없는 노릇이어서 다음 날 아이들과 함께 우리를 쳐다보는 시선을 애써 무시하면서 시내 여기저기를 돌아다녔다. 점심 시간이 조금 지났을 무렵, 박물관을 구경하고 돌아오는 길에 외딴 구멍가게에서 생수 한 병을 샀는데 우리 돈으로 5천 원가량을 달라고 해서 깜짝 놀라 쳐다봤더니, 건장한 흑인 점원이 험상궂은 표정으로 노려보는 바람에 찍 소리도 못하고 도망치듯 가게를 나와 숙소로 급히 돌아왔다.

이래 가지고서야 관광이고 뭐고 다 틀렸고, 일단 도시를 빠져나가는 것이 급선무라는 생각이 들었다. 어렵사리 한국 사람이 운영하는 여행사를 찾아 3박4일 일정으로 사파리 투어를 떠났다. 일단 도시를 벗어나고 나니 한결 마음이 편안해졌다.

지도를 보면 알 수 있지만, 케냐는 나라 한복판을 적도가 가로지르고 있다. 학창 시절에 지구과학을 제대로 공부하지 않은 사람들은 적도라고 하면 사시사철 뜨거운 햇볕이 내려쬐는 사막의 땅이라고 생각하기 쉬운데, 사실은 그렇지 않다. 케냐의 경우 연평균 기온이 16도밖에 되지 않는다. 비도 많이 오는 편이어서 모래사막 대신 드넓은 초원이 펼쳐져 있고, 내륙에는 해발 5천 미터가 넘는 케냐 산을 비롯한 산악 지대도 있다.

사파리 투어는 생각보다 고급스러웠다. 상중하 세 가지 상품 가운데 중간을 선택했는데도 차량과 음식이 상당히 괜찮았고, 무엇보다 초원 한복판에 마련된 천막형 숙소가 아주 마음에 들었다. 말이 천막이지 실내에는 어지간한 호텔 부럽지 않은 침실과 욕실이 마련되어 있었고, 숙소에서 한 발만 나가면 원숭이와 사슴 등 갖가

〈사진 1-5〉 케냐와 사파리

1. 승합차를 개조한 사파리 전용차
2. 너무나 한가로운 기린의 모습
3. 근사한 천막 숙소
4. 대통령 선거에 투표를 하려고 줄을 서 있는 모습
5. 마사이족의 여인들 – 일부다처제로 모두 한집에 살고 있다.
6. 아이들의 모습은 세상 어디나 같다.

지 동물들이 지천이었다.

낮에는 안내인과 함께 지프를 타고 초원을 돌아다니며 코끼리와 기린, 얼룩말 등 평소에 흔히 구경하기 힘든 동물들을 찾아다녔다. 이틀째가 되자 안내인이 다른 동물들을 아무리 많이 봐도 사자를 보지 못하면 사파리 투어의 보람이 없다며 점점 초조해하는 기색이었다. 어느 순간 다른 안내인들과 무전기로 교신을 주고받더니 우리 차량이 갑자기 속도를 높여 초원을 질주하기 시작했다. 사자가 나오면 안내인들끼리 서로 연락을 취하도록 묵계가 되어 있는 모양이었다. 그렇게 해서 우리도 사냥한 짐승(버팔로)을 한가롭게 뜯어 먹고 있는 암수 사자 한 쌍을 구경할 수 있었다.

땅이 갈라진다!

내가 아프리카에서 반드시 봐야 할 것 가운데 하나로 점찍은 것은 사실 사자보다도 흔히 동아프리카 열곡대라 부르는 계곡이었다. 이것은 에티오피아의 아파르 삼각주에서 시작해 아프리카 대륙의 동쪽을 남북으로 가로지르는 약 3천 킬로미터 길이의 기다란 계곡이다. 그냥 무심코 보면 뭐 저런 땅도 있나 보다 하고 넘어가기 일쑤지만, 사실 이곳은 땅이 움직이고 있는 현장을 직접 지켜볼 수 있는 지구상에서 몇 안 되는 지점 가운데 하나다.

열곡(裂谷), 영어로 rift라는 단어를 그대로 해석하면 '찢어지는 계곡'이라는 뜻이다. 마치 종이를 양쪽에서 잡아당기면 중간의 약

한 부분이 찢어지듯이, 동아프리카 열곡대 역시 양쪽에서 잡아당기는 힘 때문에 점점 벌어지고 있다. (정확히 말하면 아래에서 올라오는 마그마로 인해 기존의 지각이 들리면서 갈라지는 것이다.) 아무튼 학자들은 앞으로 더 세월이 지나면 이곳이 홍해처럼 갈라져 바닷물이 들어올 것이고, 아프리카 대륙은 둘로 쪼개질 것이라고 보고 있다.

땅이 갈라졌다 합쳐지고 다시 갈라지는 과정을 되풀이한다는 이야기는 바다 역시 새로 생기거나 없어지기도 한다는 뜻이다. 이런 관점에서 보면 홍해는 지구에서 가장 '어린' 바다 가운데 하나다. 지금도 홍해는 점점 벌어지고 있어서 나중에는 지금의 대서양이나 인도양 같은 넓은 바다로 '성장' 할 것이다. 반면에 지중해는 점점 좁아져

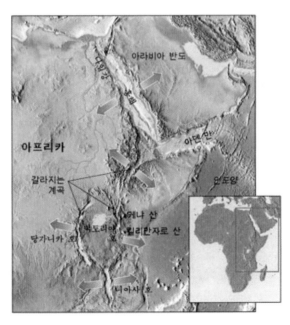

〈그림 1-3〉 **갈라지는 아프리카** (출처-금성, 지구과학교과서)

서 머지않아 완전히 사라질 '늙은' 바다에 해당한다. 크게 보면 대서양도 비교적 젊은 바다라 점점 넓어질 것이지만, 장년기에 해당하는 태평양은 점점 좁아져 지금의 지중해처럼 되었다가 언젠가 완전히 사라져 우리나라와 미국 땅이 한 덩어리로 붙을지도 모른다.

이렇게 바다와 대륙조차 태어나고 자라고 늙고 죽는다는 사실 앞에, 우리 인간들의 생로병사는 차라리 애교에 가깝지 않은가.

〈사진 1-6〉 **동아프리카 열곡대**

[열곡대 안에는 많은 화산과 호수들이 분포하고 있다.]

루시 할머니

동아프리카 열곡대를 직접 밟아보는 것이 나의 버킷리스트 중에 서도 비교적 높은 순위를 차지한 이유는 위에서 말한 것처럼 바로 여기가 미래의 아프리카, 나아가 미래의 세계 지도를 예측하게 해 주는 단서가 되는 곳이기 때문이다. 그러나 다른 한편으로 동아프 리카 열곡대는 우리의 과거, 즉 인류의 탄생과 밀접한 연관이 있는 곳이기도 하다.

사실 인류의 탄생과 진화에 대해서는 아직까지도 100퍼센트 확 실하다고 믿을 만한 이론이 정립되지 않은 상태다. 워낙 오래전 일 이기도 하고, 세계 곳곳에서 우리 조상들의 화석이 발견되고 있지 만 표본의 수가 적어 학자들마다 의견이 분분하다. 그러다 보니 호 모 하빌리스, 호모 에렉투스, 호모 사피엔스 등 호모 항렬(?)의 종들 이 부지기수고, 그밖에 크로마뇽인이니 네안데르탈인이니 베이징 원인이니 하는 별개의 이름이 붙은 원시인들도 셀 수 없이 많아 전 공자가 아니면 누가 누구인지 잘 구분이 되지 않는다. 이 참에 우리 의 조상이 누구인지 그 족보를 대충 훑어보도록 하자.

우리는 흔히 진화론이라 하면 '원숭이가 진화해서 사람이 되었 다.'라는 식의 피상적인 인식을 가지고 있다. 물론 틀린 말은 아니 지만, 그렇게 따지면 지구상의 모든 생명체는 박테리아로부터 진화 되었으니 딱히 원숭이만을 콕 집어낼 근거는 그리 많지 않다. 조금 더 정확하게 말하자면 '유인원이 진화해서 사람이 되었다.' 정도가 될 것이다.

유인원이나 원숭이나 그게 그거라고 생각할지 모르지만 결정적인 차이는 꼬리가 있느냐 없느냐에 달려 있다. 영어의 monkey와 ape를 우리말로 뭉뚱그려 '원숭이'로 번역하는 경우가 많은데, 엄밀히 말하면 꼬리가 있는 진짜 원숭이가 monkey고 꼬리가 없는 원숭이류를 뜻하는 ape는 유인원이라고 옮기는 것이 정확하다.

흔히 고릴라, 오랑우탄, 침팬지, 보노보 등 네 가지 동물이 유인원으로 분류된다. 고릴라는 덩치가 워낙 크고(160~180센티미터, 160킬로그램) 생김새도 독특해서 금방 알아볼 수 있다. 주로 아프리카에 살고, 생긴 것과 달리 비교적 온순한 초식 동물이며 지능도 상당히 높다. DNA가 사람과 97~98퍼센트까지 일치한다. 오랑우탄은 주로 인도네시아와 말레이시아 등지에 살고, 키는 130센티미터가량이지만 몸집에 비해 근력이 엄청난 것으로 알려져 있다. 보노보는 비교적 우리에게 생소한 종인데, 아프리카 콩고 지방에 주로 서식하며 키가 70~80센티미터밖에 되지 않아 유인원 중에서 제일 작다. 마지막으로 침팬지 역시 아프리카가 고향이고, 키는 100~170센티미터, 몸무게는 30~60킬로그램으로 개체 간의 편차가 큰 편이다. 사람하고는 DNA가 무려 98.8퍼센트까지 일치하는 것으로 알려진다.

일반적으로 생물을 구분할 때 계-문-강-목-과-속-종의 분류 체계를 사용한다. 사람은 동물(계)-척삭동물(문)-포유(강)-영장(목)-사람(과)-사람(속)에 해당하는데, 약 600만 년 전에 유인원(침팬지)에서 분리되기 시작한 것으로 알려졌다. 유인원은 원숭이와 함께 분류 체계상 사람(과)에 속하는 영장류로, 주로 나무에서 생활하는 포유류이다.

1974년, 아프리카의 에티오피아에서 300만~360만 년 전의 것으로 추정되는 묘한 유골 화석이 발견되었다. 키 110센티미터, 몸무게는 29킬로그램 정도의 여성이었을 것으로 보이는 이 화석은 뇌의 크기가 침팬지와 비슷했다. 그러나 엄지발가락이 다른 발가락들과 나란히 뻗어 있고, 발바닥은 아치 모양을 하고 있으며, 뒤꿈치가 길쭉하게 뻗어 있다. 한 마디로 적어도 발의 모양은 요즘의 우리와 별 차이가 없는 셈이다. 또한 다른 유인원들이 '안짱다리'인데 비해 이 화석의 다리는 훨씬 길고 곧다.

이러한 여러 가지 정황을 종합할 때, 이 화석은 살아생전에 두 발로 서서 걸어 다녔을 것이 확실하다. 이른바 직립보행이 가능했을 거라는 추측인데, 진화의 측면에서 이것은 결코 간단한 문제가 아니다. 두 발로 서서 걷는다는 것은 곧 골반이 사발처럼 변해 내장을 받쳐주며, 등뼈 역시 S자로 휘어 충격을 잘 흡수한다는 뜻이다. 더욱 중요한 것은 두 손이 자유로워져 도구를 사용할 수 있는 계기가 된다는 점이다. 결론적으로 직립보행은 현대적인 인류의 등장에 가장 필수적인 전제 조건이 되는 셈이다.

마침 조사단이 이 화석을 발견할 당시 라디오에서 비틀즈의 〈Lucy in the Sky with Diamond〉라는 노래가 흘러나왔다는 이유로 이 화석에 '루시'라는 귀여운 애칭이 붙었고, 이 같은 사실이 널리 알려지면서 루시는 세계적인 유명 인사가 되었다. 하지만 루시가 도구를 사용한 흔적이 발견되지 않고 뇌의 용량 역시 침팬지 수준에 지나지 않는다는 이유로 과연 이를 '최초의 인류'로 볼 수 있느냐는 의문이 제기되었다. 이런 이유로 루시는 현생 인류와는 다른 족속, 즉 오스트랄로피테쿠스 아파렌시스라는 이름의 선행 인류 가운데 하나로 분류된다.

이스트 사이드 스토리

동아프리카에서는 루시 말고도 1960년대와 70년대에 걸쳐 2천 점이 넘는 인류의 화석과 수십만 점의 동물 화석이 발견되었다. 하지만 묘하게도 그 가운데 침팬지나 고릴라의 화석은 단 한 점도 없었다. 사람이 유인원에서 갈라져 나왔다면 필시 그들이 같은 지역에서 함께 생활한 시기도 있었을 텐데, 왜 화석이 발견되는 지역이 서로 겹치지 않는 것일까?

바로 이런 의문에서 프랑스의 인류학자 이브 코팡(Yves Coppens, 1934~)의 '이스트 사이드 스토리(East side story)'라는 유명한 가설이 등장한다. 이브 코팡은 1974년에 루시를 발견한 장본인 가운데 한 사람이다. 그에 따르면 800만~1000만 년 전, 대서양에서 인도양에 이르는 아프리카 적도 지역은 열대우림으로 뒤덮여 있었다. 이곳은 인간과 침팬지의 공통 조상이 살던 보금자리였으나 지각판의 운동으로 화산들이 폭발하면서 지형이 바뀌고, 동아프리카 열곡대가 만들어지면서 아프리카 동부가 둘로 쪼개졌다. 원래 아프리카 적도 부근은 바다에서 육지 쪽으로, 즉 편동풍이 부는 지역이다. 그런데 새로 만들어진 계곡의 서쪽에 땅이 밀려 올라가 높은 산맥이 생겨났다. 높은 산맥과 낮은 계곡 바닥이 기류의 순환을 방해하면서, 계곡의 서쪽 사면에 비구름이 갇혔다. 이로 인해 기후가 바뀌어 열곡 서쪽 사면은 비가 많고 습한 지역이 됐지만, 동쪽의 땅은 덥고 건조해졌다.

침팬지를 비롯한 유인원의 조상들은 열곡대 서쪽의 밀림에 머물렀다. 이에 반해 인간의 조상들은 동쪽의 건조하고 개방된 환경으로 진출하는 모험을 감행했다. 이들은 더욱 넓은 범위의 서식지에 적응할 수 있었기 때문에 생존 가능성이 더 높아졌으며, 이후 진화에 진화를 거듭해 오늘날과 같은 인류가 탄생하게 되었다는 것이다.

그렇다고 해서 이들이 요즘의 우리 같은 현생 인류의 직접적인 조상이라는 뜻은 아니다. 흔히 호모 사피엔스라 불리는 현생 인류의 직접 조상은 약 20만 년 전에 새롭게 등장했으며, 그 대표 주자가 바로 교과서에 자주 나오는 크로마뇽인이다.

현생 인류가 나타나기 이전까지를 뭉뚱그려서 '구(舊) 인류'라고 하는데, 이는 다시 선행 인류(猿人類)와 원시 인류(原人類), 고생 인류로 구분된다. 위에서 살펴본 루시, 즉 오스트랄로피테쿠스와 도구를 사용하기 시작한 230만 년 전의 호모 하빌리스가 선행 인류에 해당한다. 오스트랄로피테쿠스라는 단어가 '남쪽의 원숭이'라는 뜻이어서 '원숭이'가 강조된 반면, 호모 하빌리스는 '손재주가 있는 사람'이라는 뜻이다. '사람'을 뜻하는 '호모'가 들어가기 시작하면 대략 사람으로 인정하는 느낌이다.

이어서 190만 년 전에는 '똑바로 선 사람'이라는 뜻의 호모 에렉투스가 등장한다. 사실 직립보행은 이전의 호모 하빌리스는 물론 심지어 오스트랄로피테쿠스 때부터 나타나기 시작한 특징인데, 단지 호모 하빌리스나 오스트랄로피테쿠스의 화석보다 호모 에렉투스의 화석이 먼저 발견된 탓에 이들에게 이런 이름이 붙었을 뿐이다. 따라서 직립보행보다는 최초로 '불'을 사용한 인류라고 기억해두는 것이 나을 듯하다. 유명한 베이징 원인이나 자바 원인 등이 이 호모 에렉투스에 해당하며, 원시 인류다.

고생 인류로 넘어오면 네안데르탈인이 등장한다. 앞서 말한 분류 체계에서 사람(과)-사람(속)까지는 우리와 같지만 마지막 '종'에서 호모 사피엔스로 들어오지 못하고 따로 분류되는 종이다. 생존 기간이 상당 기간 호모 사피엔스와 겹치는데, 일설에 의하면 보다 지능이 높은 호모 사피엔스에 의해 멸종되었다고도 하고, 최근의 연구에서는 오늘날 현생 인류의 DNA 속에 이 네안데르탈인의 유전자가 일부 포함되어 있다는 사실이 밝혀지기도 했다.

앞에서도 언급했듯이 인류의 기원과 진화에 대해서는 아직도 100퍼센트 확실한 이론이 정립되어 있지 않다. 그럼에도 불구하고 인류의 조상이 아프리카, 그중에서도 동아프리카 열곡대 주변에서 처음으로 나타나 전 세계로 퍼져 나갔다는 사실에 대해서만큼은 대부분의 학자들이 동의하는 만큼, 혹시 이 주변을 여행할 계획이 있는 분들은 어딘가 남아 있을지도 모르는 루시 할머니의 발자취를 한번쯤 상상해 보는 것은 어떨까.

3

사막에서 별을 보다

대통령 선거의 후유증으로 폭동, 아니 내전의 기운이 무르익는 케냐를 도망치듯 떠나 밤비행기를 타고 이집트로 날아왔지만, 뒤숭숭하기란 거기도 마찬가지였다. 우리가 카이로에 도착한 것이 2013년 3월 초였는데, 이집트는 2011년부터 북아프리카와 중동 일대를 휩쓴 이른바 '아랍의 봄'의 진원지 가운데 하나였다.

대규모 반정부 시위로 무바라크 대통령이 쫓겨난 지 2년이 지났지만, 아직도 카이로 시내의 광장 곳곳에는 불에 탄 자동차들이 흉물스럽게 방치되어 있었다. 다행히 2013년은 정국 불안이 소강상태로 접어든 시기여서 우리는 큰 어려움 없이 여행을 다닐 수 있었지만, 우리가 다녀오고 얼마 지나지 않아 외국인 관광객의 출입이 금지되었다는 소문을 들었다.

내가 이집트에 도착해 제일 처음 떠올린 이미지는 '몰락한 부잣집'이었다. 당장 카이로 시내에서 멀지 않은 곳에 버티고 있는 그 유명한 기자(Giza)의 대피라미드만 해도, 무려 5천 년 전 사람들이 어떻게 그토록 거대하고 정밀한 구조물을 만들었는지 오늘날의 첨단 과학으로도 답을 찾기 힘들 정도다. 그밖에 아부심벨 신전과 왕가의 계곡 등, 국토 곳곳에 흩어져 있는 각종 유적지를 보면 이 나라가 과거에 어느 정도의 부를 누렸는지 어렵지 않게 짐작할 수 있다.

그러나 그 후손들인 요즘의 이집트 사람들은 과거의 부와 영화를 잃은 지 오래다. 흔히 부자가 망해도 그 자존심은 쉽게 무너지지 않는다고 하는데, 이 사람들에게서는 그것조차 찾아볼 수 없다. 곳곳의 유적지는 제대로 관리가 되지 않아 다 허물어져 가고, 그래서 관광객의 출입을 통제하는 곳이 많다. 아쉬운 마음으로 발길을 돌리려 하면, 지키고 있던 관리인이 다가와서 묻는다. 들어가 보고 싶으냐고. 그렇다고 하면 손을 내민다. 많이도 필요 없다. 단돈 1달러만 집어주면 만사 오케이다.

그도 그럴 것이, 우리가 보기에는 깜짝 놀랄 만큼 물가가 싼 데도 이집트 서민들은 그 싼 물가를 감당할 수 없을 만큼 가난하다. 예를 들어 우리가 갔을 당시 휘발유 가격이 1리터에 우리 돈으로 250원 남짓이었다. 차가 있어도 그 기름값이 없어 차를 굴리지 못하는 사람들이 상당수라고 했다.

그렇다고는 해도 사람들이 어떻게 살아가는지를 둘러보는 것이 이번 여행의 목적은 아니다. 엄밀히 말하면 피라미드 같은 고대 문명의 유적들도 나의 일차적인 관심사에서는 많이 벗어난다. 고대 문명이라 해야 고작 5천 년 남짓인데, 이 정도는 수천만, 수억 년 전의 지구에 무슨 일이 일어났는지에 관심을 갖는 지질학자에게는 극히 최근의 과거일 뿐이다. 그러니 여기서는 이집트의 국토 가운

데 98퍼센트를 차지하는 사막 지형에 대한 이야기를 주로 정리해
볼까 한다.

사막은 왜?

앞서 케냐를 둘러보면서 적도 지방에는 사막이 없는 것을 확인했
다. 오히려 적도를 중심으로 남북 위도 30도 부근의 지역에 사막이
많이 발달한다. 모로코, 알제리, 리비아 등 북아프리카의 여러 나라
를 뒤덮은 사하라 사막이 대표적인데, 북위 28도를 지나가는 이집
트 역시 사막의 나라다. 이렇게 위도 30도 부근에 사막이 생기는 이
유는 대기의 순환과 밀접한 관계가 있다. 사정은 이렇다.

일단 적도 주변은 공기가 뜨겁다. 가장 큰 이유는 지표면과 태양
빛이 이루는 각도가 크기 때문이다. 다시 말하면 같은 면적의 지표가
받는 태양 에너지의 양이 고위도보다 많다는 뜻이다. 그래서 적도 부
근에서 데워진 공기는 상승하는데, 그렇다고 계속해서 올라갈 수는
없다. 공기는 위로 올라가면 온도가 다시 내려가기 때문이다. 이렇게
부피가 팽창하면서 온도가 내려가는 현상을 단열 팽창이라고 한다.
상승이 멈춘 공기는 남극과 북극을 향해 이동하기 시작한다.

반면 남극과 북극의 공기는 차갑고, 차가운 공기는 지표면에 깔
려 적도를 향해 이동한다. 이것으로 끝이라면 이야기는 간단하다.
지구에는 하나의 큰 순환만 존재할 것이다.

문제는 지구가 가만히 있지 않고 자전을 한다는 점이다. 이것이

무엇을 의미하는지를 직관적으로 이해하기 위한 간단한 실험이 있다. 백지를 책상에 놓고 아래에서 위쪽으로 선을 그어본다. 똑바로 뻗은 직선이 그려질 것이다. 그러나 한 손으로 종이를 어느 한 방향으로 돌리면서 선을 그으면, 선은 똑바로 가지 못하고 그 반대 방향으로 구부러진 곡선이 된다. 이런 현상이 지구 차원에서 일어나는 것을 '전향력'이라 하고, 처음 발견한 학자의 이름을 따 '코리올리 효과'라고도 한다. 이 코리올리 효과는 대기의 순환에도 영향을 미친다. 전향력이 작용하는 방향은 북반구에서는 오른쪽, 남반구에서는 왼쪽이다.

이처럼 전향력이 작용하는 지구에서 일어나는 대기의 순환은 훨씬 복잡하다. 적도 지방에서 상승한 공기는 양쪽으로 갈라진 후 똑바로 극지방으로 이동하지 못하고 조금씩 방향이 꺾이다가 결국 위도 30도 부근에서 하강하게 된다. 지표에 도달한 공기는 다시 남북으로 갈라져 이동하는데 이때도 고위도로 가면서 점점 방향이 바

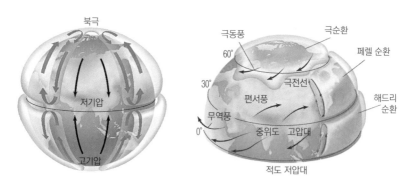

〈그림 1-4〉 **대기의 순환**

[만일 지구가 자전하지 않는다면 대기의 흐름은 왼쪽 그림처럼 단순할 것이다.]

뀐다. 한편 극지방의 차가운 공기도 지표 부근을 따라 방향을 틀면서 적도를 향해 내려오다가 30도에서 올라오는 더운 공기와 60도 부근에서 만나 전선을 형성하며 위로 상승한다.

이것은 지구 전체로 보아 적도와 남북 위도 30도 사이, 30도에서 60도 사이, 그리고 60도에서 극 사이에서 모두 3개의 작은 대기 순환이 일어난다는 의미이다. 따라서 적도와 위도 60도 부근은 상승 기류의 발달로 연중 강수량이 많은 반면, 위도 30도와 극지방은 하강 기류의 발달로 인해 대체로 맑고 건조하다. 이것이 위도 30도 부근에 사막이 많이 생기는 가장 큰 이유 가운데 하나다.

우리는 흔히 사막이라고 하면 물결 모양의 무늬가 새겨진 드넓은 모래밭을 연상하는데, 엄밀히 말해서 이런 모래사막은 사막의 여러 가지 형태 가운데 하나일 뿐이다. 실제로 〈위키피디아〉에서는 지구 상에서 가장 넓은 사막으로 남극을 꼽고 있으며, 두 번째가 사하라사막, 세 번째는 북극이다. 물론 이는 연간 강수량을 기준으로 한 사막의 정의를 따를 때의 이야기지만.

사막에서 별 본 이야기로 넘어가기 전에, 잠깐 코리올리 효과를 조금 더 살펴보고 가기로 하자.

코리올리 효과

앞서 언급했듯이 케냐는 적도가 가로지르는 나라 가운데 하나다. 이번 여행에서 직접 가보지는 못했지만 위도 0도 지점에 여기가 적도임을 나타내는 커다란 표지판이 서 있고, 그 주변에는 관광객들을 상대로 간단한 실험을 보여 주는 현지인들이 있다는 소문을 들었다. 바닥에 구멍이 뚫린 조그만 대야에 나뭇가지를 띄우고 물을 빼는 실험인데, 적도를 기준으로 열 걸음쯤 북쪽에서는 나뭇가지가 오른쪽으로, 남쪽에서는 왼쪽으로 돌아가는 것을 직접 눈으로 확인할 수 있다는 것이다.

예전에 호주를 여행할 때도 안내인에게서 이와 비슷한 이야기를 들은 적이 있다. 호주는 지구의 남반구에 위치하기 때문에 변기의 물을 내리면 북반구와 반대 방향으로 돌면서 내려가는데, 이것이 바로 코리올리 효과 때문이라는 것이다.

결론부터 말하면 이것은 '뻥'이다. 남반구와 북반구에서 코리올리 효과가 반대로 작용하는 것은 사실이지만, 대야나 변기처럼 작은 규모까지 영향을 미칠 만큼 강력하지는 못하다. 오히려 그보다는 변기 구멍에 쌓인 이물질 같은 다른 요인들이 물의 회전 방향을 좌우한다.

반면 과거의 포병들이 이 코리올리 효과 때문에 애를 먹은 것은 사실이다. 단거리포는 상관이 없지만, 사거리가 수십, 수백 킬로미터에 달하는 장거리 곡사포를 쏠 때는 각도와 거리의 조준만으로 목표물을 명중시킬 수 없다. 이렇게 조준하면 북반구에서는 어김없이 포탄이 목표물의 오른쪽에 떨어지기 때문이다. 요즘은 첨단 전자 장비들이 코리올리 효과를 고려해 자동으로 계산을 해주지만, 내가 군대 생활을 할 때만 해도 포병들 중에 수학의 귀재들이 많았던 것도 이런 이유 때문이었다.

별자리 이야기

나는 고등학교 때까지만 해도 천문학자가 되는 것이 꿈이었다. 대학 입시 당일에 터진 불의의 사고(?) 때문에 진로가 천문학에서 지질학으로 바뀌기는 했지만, 지금도 별에 대한 관심과 애정은 변함이 없다. 지구과학 교사가 된 뒤에도 천문 지도사 자격증을 따고 교내에 천문 동아리를 만들어 틈만 나면 학생들과 함께 별을 보러 다니곤 했다. 그런 나에게 사막 여행은 제대로 별을 볼 수 있는 절호의 기회였다.

별을 보기 위해서는 기본적으로 세 가지 조건이 충족되어야 하는데, 첫째는 역시 날씨다. 벼르고 별러 별을 보러 나갔는데 정작 하늘에 구름이 가득하면 말짱 꽝이다. 한국에서의 경험에 비춰보면 장-단기 일기예보를 아무리 들여다보며 계획을 잡아도 성공률은 세 번에 한 번 꼴밖에 되지 않았다. 또 하나의 변수는 '달'이다. 날씨가 아무리 좋아도 보름달이 덩실 뜨면 달빛이 너무 밝아서 별이 잘 보이지 않는다. 나머지 하나는 되도록 도시와 멀리 떨어진 어두운 곳, 또한 주변이 탁 트인 곳으로 갈수록 별이 잘 보인다는 점이다. 이런 면에서 사막은 천체 관측에 가장 좋은 조건을 두루 갖춘 곳이다. 월령만 고려하면 나머지 조건들은 신경 쓸 필요가 없다. 특히 사막 지역은 공기가 건조하기 때문에 별이 더욱 선명하게 보인다.

이집트에 도착한 지 7일째 되던 날, 초승달이 뜬다는 것을 확인하고 드디어 사막 캠핑에 나섰다. 현지인 가이드와 운전기사를 구해 거의 여섯 시간을 달린 끝에 사막 한복판에 자리를 잡으니, 끝없이 펼쳐진 지평선 너머 환상적인 일몰 풍경이 우리를 맞이했다.

　텐트(?)를 치고, 모닥불을 피워 밥을 해먹고, 고운 모래 위를 잠시 산책하다 보니 어느새 별들이 쏟아져 내리기 시작했다. '별이 쏟아져 내린다.' 라는 말이 그저 시나 노래 가사에 나오는 상투적인 수사가 아님을 알게 되는 순간이었다.

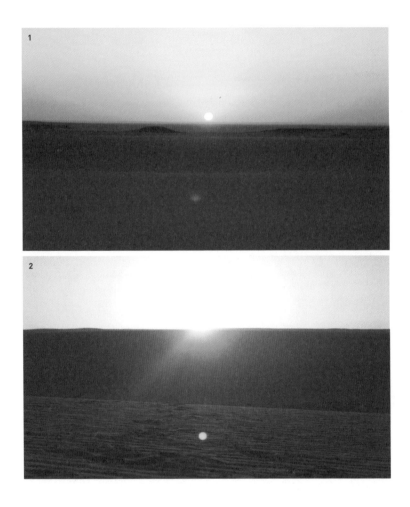

〈사진 1-7〉 **사막 별자리 캠핑**

1. 2. 사막의 일몰(위)과 일출(아래)
3. 4. 잠자리 만들기(바람의 방향이 가장 중요하다)

　나는 비장의 무기를 꺼냈다. 흔히 별 지시기라 부르는 일종의 레이저 포인터인데, 프리젠테이션 때 쓰는 일반적인 제품보다 훨씬 강력한 레이저 빔이 뿜어져 나와 내가 의도한 별을 정확하게 가리킬 수 있다. 한때 우리나라에서는 항공기 운항에 방해가 될 수 있다는 이유로 일반인은 사용하지 못하게 금지된 품목이었는데, 언젠가 대만 여행을 갔다가 길거리 노점에서 상당히 성능이 뛰어난 별 지시기를 발견하고 몇 개 사온 적이 있다. 내가 이 레이저 포인터를 꺼내 가족들에게 별자리를 설명하기 시작하자, 대번에 가이드와 운전기사가 눈이 둥그레져서 다가왔다. 처음 보는 사람에게는 이 레이저 포인터가 별자리보다 훨씬 더 신기하고 인상적인 모양이다.

별자리는 약 5천 년 전 아라비아 반도의 목동들이 처음 생각해냈다고 전해진다. 해가 진 후 밤하늘을 수놓은 수많은 별들을 보면서 그들은 무슨 생각을 했을까. 별들의 위치를 보면서 시간을 가늠하기도 하고, 때로는 무서움을 달래려고 이웃하는 별들을 묶어서 동물이나 사물의 모습을 상상해 보기도 했을 것이다. 그 후 그리스와 로마 시대를 거치면서 별자리는 신화와 결합되었고, 그렇게 입에서 입으로 전해 내려오다가 20세기 초에 국제천문연맹에서 88개의 별자리를 정리하기에 이른다.

다시 말하면 현재 하늘에는 88개의 별나라가 있는데, 하나의 별나라 안에서 몇몇 밝은 별들을 묶어서 특별한 인물이나 동물 또는 사물의 이름을 붙여 무슨무슨 별자리라 부른다. 하나의 별자리 안에서는 가장 밝거나 두, 세 번째로 밝은 별들은 차례대로 α, β, γ 등으로 부르기도 하고 각각 고유 이름을 붙이기도 한다. 한 예로 봄철의 대표적 별자리인 목동자리의 가장 밝은 α별은 아르크투루스, 사자자리의 가장 밝은 α별은 레굴루스, 두 번째 밝은 β별은 데네볼라라 부른다. 실제로 같은 별자리의 별들끼리는 서로 아무 상관이 없고, 다만 우리 눈으로 보기에 같은 방향에서 보인다는 공

〈그림 1-5〉 **별자리**

통점이 있을 뿐이다.

　사실 별(Star)을 과학적으로 분석하면 그냥 수소 덩어리에 지나지 않는다. 4개의 수소가 고온-고압 상태에서 핵융합 반응을 일으키며 헬륨으로 변해 가는 과정에서 나오는 에너지, 그것이 빛의 형태로 우리 눈에 들어오는 것뿐이다. 그러나 우리의 삶과 연관하여 여러 가지 의미를 부여하면 상황은 달라진다. 하늘에 있는 수많은 크고 작은 별들이 저마다의 사연을 갖고 있다고 생각하면 다르게 보일 것이다.

　별을 보기 위해 반드시 아프리카의 사하라 사막을 찾아가거나 값비싼 천체 망원경을 장만할 필요는 없다. 요령만 알면 맨눈으로 볼 수 있는 별들도 무수히 많고, 집집마다 하나쯤 굴러다니는 쌍안경만으로도 그보다 훨씬 많은 별을, 훨씬 더 선명하게 볼 수 있다. 조금 더 숙달된 사람들은 천체 망원경으로 넘어가는데, 그렇게까지고가품이 아니더라도 태양계 안의 행성과 그 위성들, 울퉁불퉁한 달 표면 등을 보는 데는 무리가 없다.

추적 장치가 달린 3~4백만 원 대의 천체 망원경을 갖추면 그야말로 새로운 우주를 볼 수 있다. 태양계를 벗어나 우리 은하 안에 분포하는 성단과 성운, 그리고 우리 은하 밖의 외부 은하 등 육안으로는 볼 수 없는 것들이 모습을 드러내기 때문이다. 예를 들어 지구와 250만 광년이 떨어져 있다는 안드로메다 은하를 내 눈으로 직접 확인한 순간의 환희와 감동은 지금도 뇌리에 생생하다.

이렇게 밤하늘에서 특정한 대상을 찾는 경우에는 미리 그 위치를 정확히 알고 있어야 보다 쉽게 찾을 수 있다. 특히 성단이나 성운, 은하 등 맨눈으로 보이지 않는 대상이라면 말할 것도 없다. 이것은 마치 서울에 사는 김서방을 찾는 것과 비슷하다. 막연히 서울에 사는 김서방이 아니라, 주소를 정확하게 알면 찾기가 쉽다. 서울의 지리를 잘 모르는 사람이라면 정확한 주소를 알아도 찾아가기가 어렵듯이, 아무리 자세한 성도(별자리 지도)가 있어도 드넓은 밤하늘에서 내가 원하는 특정한 대상을 찾기란 쉬운 일이 아니다.

그래서 김서방을 찾는데 시간을 절약하려면 먼저 큰 건물이나 거리 등 기준점이 될 만한 이정표를 알아두는 게 중요하다. 밤하늘의 이정표가 바로 별자리다. 예를 들어 M13이라 부르는 구상성단을 찾고 싶을 때, 헤라클레스 별자리를 알고 있으면 그 별자리 가운데의 사각형을 집중적으로 살피면 쉽게 찾을 수 있다.

요즘은 스마트폰에 별자리 지도 앱을 깔면 지금 내 머리 위에서 빛나는 별이 무슨 별인지 간단하게 확인할 수 있다. 무료 앱 중에서도 성능이 뛰어난 것들이 많아서, 사람들에게 별자리를 설명하다가 "선생님, 그거 아닌데요?" 하는 바람에 망신을 당한 적도 있다.

천체 관측의 가장 중요하고도 효율적인 장비는 바로 우리의 눈이다. 물론 시력의 좋고 나쁨에 따라 보이는 별의 모습에도 차이가 있겠지만, 사실 그보다 더 중요한 것은 이른바 '암 적응'이다. 아무리 시력이 좋은 사람도 별을 관찰하다가 전화벨이 울려서 휴대전화를 켜거나 지도를 확인하려고 손전등을 켜거나 담배를 피우려고 라이터를 켰다가는 기껏 어둠에 적응되었던 눈의 민감도가 한순간에 깨져 버린다. 그 민감도를 온전히 회복하기 위해서는 최소 30분을 꼬박 기다려야 하니, 초보자들은 이 같은 빛 공해를 가장 조심해야 한다.

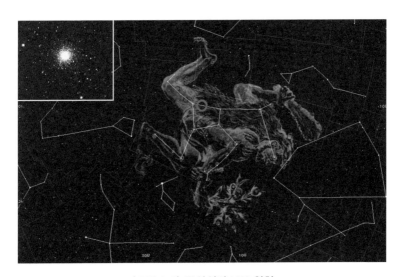

〈그림 1-6〉 **구상성단 M13 위치**

[별자리는 성단이나 성운, 은하를 찾기 위한 길잡이다.]

여담이지만 이집트에서 사막 캠핑을 마치고 돌아온 뒤, 숙소 주인이 잔뜩 흥분한 얼굴로 나를 찾아왔다. 알고 보니 우리와 함께 갔던 안내인이 나 덕분에 '별 세계'를 경험했다고 떠벌인 모양인데, 숙소 주인은 역시 사업가답게 사막 캠핑과 천체 관측을 결합한 관광 상품을 개발하면 좋겠다는 생각을 했다는 것이다. 나도 흔쾌히 내가 아는 노하우와 자료를 건네주기로 약속했는데, 우리가 이집트를 떠난 뒤로 정국이 다시 불안해져 흐지부지되고 말았다.

세상에서 제일 밝은 별은?

그렇다면 세상에서 제일 밝은 별은 무엇일까?

이 질문의 정답을 맞추기 위해서는 몇 가지 전제가 있다. 우선 '별'이라는 단어의 정의를 짚어보아야 한다. 일반적으로 '별'이라 하면 항성(恒星), 즉 스스로 빛을 내는 천체를 의미한다. 따라서 금성이나 목성이 아무리 밝아 보여도 제일 밝은 '별'은 될 수 없다. 그것들은 항성이 아니라 행성이기 때문이다. 따라서 위 질문의 가장 근사한 답은 '태양'이다.

이것은 어디까지나 우리 눈에 보이는 밝기를 기준으로 했을 때의 이야기다. 이를 흔히 '겉보기 등급' 혹은 '안시(眼視) 등급'이라고 하는데, 말 그대로 맨눈으로 보이는 별의 밝기를 1등급부터 6등급까지로 분류한 것이다. 이 기준에 따르면 1등급의 별은 6등급의 별보다 약 100배 밝다.

태양의 겉보기 등급은 1등급을 넘어 무려 -26.8등급에 해당한다. '별' 뿐만 아니라 '천체'를 대상으로 하면 2위는 보름달로 -12.6등 급이고, 3위는 -4.4등급의 금성이다. 특히 초저녁이나 새벽에 다른 별을 압도할 만큼 유난히 밝게 반짝이는 별이 보이면 십중팔구 금 성일 가능성이 높다. 그 다음은 목성, 화성, 수성 순서인데 이들은 엄밀히 말해서 별이 아니라 행성이라는 사실을 고려해야 한다.

그렇다면 진짜 별 중에서 제일 밝은 별은? 정답은 겉보기 등급 -1.5의 시리우스다. 시리우스는 옛날 이집트에서 1년의 시작 시기 를 정하는 기준별로 사용한 겨울철 대표적 별자리의 하나인 큰개자 리에 속하는 별이다. 센타우리 알파에 이어 우리와 두 번째로 가까 운 별로, 지구에서 8.59광년 떨어져 있다. 우리 눈에는 하나의 별로 보이지만 실제로는 두 개의 별이 서로의 공통 질량 중심을 따라 공 전하고 있는 쌍성계이기도 하다.

하지만 이것으로 '제일 밝은 별'의 순위가 고정되는 것은 아니 다. 학생들의 성적을 매길 때도 절대 평가가 있고 상대 평가가 있듯 이, 우리 눈에 제일 밝게 보인다고 해서 실제로도 그 별이 제일 밝 은 것은 아니기 때문이다. 별의 밝기를 따질 때 겉보기 등급과 함께 절대 등급을 언급하는 이유가 바로 이것이다.

절대 등급은 별의 거리가 모두 일정하다고 가정할 때의 밝기를 계산하는 방식이다. 다시 말해 별들을 10파섹(parsec, 32.6광년)의 거 리에 한 줄로 세워놓고 우리 눈에 보이는 밝기가 아니라 실제의 밝 기를 따져보자는 것이다. 태양이 그토록 밝은 것은 우리와의 거리 가 가깝기 때문일 뿐, 절대 등급으로 따지면 4.8등급밖에 되지 않는다. 만약 태양이 정말로 지구에서 10파섹 떨어져 있다면 맨눈으로 그저 어렴풋이 보이는 희미한 별밖에 되지 않을 것이다. 반면 위에 언급한 시리우스는 절대 등급 1.4로, 실제 밝기는 태양의 25배에 이른다. 절대 등급 기준으로 가장 밝은 천체는 R136a1이라는 요상한 이름의 별인데, 질량이 태양의 265배이고 밝기는 무려 태양의 8,700,000배에 달한다. 절대 등급으로 따지면 -12.6이지만 겉보기 등급은 12.77에 지나지 않아 맨눈으로는 보이지 않는다.

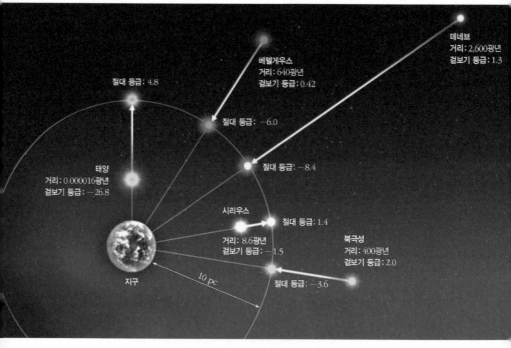

〈그림 1-7〉 **별의 겉보기 등급과 절대 등급**

저 바다에 누워

여행 목적과 개인의 취향에 따라 다르겠지만, 이집트를 처음 찾
은 여행객들이 꼭 봐야 할 곳은 대략 세 군데로 요약된다. 첫

〈지도 1-3〉 **이집트-이스라엘 주요 여행지**

째는 수도인 카이로 시내, 그리고 거기서 가까운 기자의 피라미드. 둘째는 아스완 댐과 아부심벨 신전. 셋째는 왕가의 계곡이 있는 룩소르다.

우리는 카이로 시내와 기자 피라미드를 둘러 본 후, 야간열차를 타고 남쪽의 아스완으로 내려왔다가 중부 지방의 룩소르를 둘러본 다음, 다시 카이로로 돌아와서 이집트에서의 마지막 기착지인 홍해 연안의 다합으로 이동할 계획이었다.

그런데 룩소르에 가보니 마침 다합에서 가까운 샤름엘셰이크까지 가는 항공편이 특별 세일 가격으로 나와 있다는 것을 알게 되었다. 룩소르에서 카이로까지 기차를 타고 이동하는 것과 비슷한 가격으로 비행기를 타고 갈 수 있으니, 시간과 비용을 파격적으로 줄일 수 있어 마다할 이유가 없었다.

〈사진 1-8〉 **이집트 유적**

1. 요트와 유람선이 떠 다니는 나일강
2. 룩소르 맴론 거상   3. 피라미드 내부로 내려가는 통로
4. 기자의 피라미드와 스핑크스
5. 아부심벨 신전

홍해와 사해

다합은 홍해, 그 중에서도 너비가 최대 27킬로미터밖에 되지 않는 아카바만을 사이에 두고 사우디아라비아를 마주보는 조그맣고 평화로운 바닷가 마을인데, 스킨스쿠버들에게는 전 세계에서 몇 손가락 안에 꼽히는 성지(?) 가운데 하나로 꼽힌다. 일설에는 모세가 출애굽, 즉 이집트를 빠져나오면서 홍해를 건널 때의 출발점이 바로 이 다합이었다고 한다. 하긴 홍해 본류는 제일 좁은 지점의 너비가

〈사진 1-9〉 **홍해-다합**

[간단한 스노클링(스킨 다이빙)으로도 바닷속 신비(?)를 체험할 수 있다.]

200킬로미터 남짓이니, 아무리 모세라지만 200만 명이 넘는 사람과 가축을 이끌고 걸어서 건너기에는 무리가 아니었을까 싶기도 하다.

사실 나는 내 또래의 아저씨들 중에서는 비교적 겁이 없고 모험을 즐기는 쪽이기는 하지만, 땅위에도 아직 못 가본 곳이 많은 주제에 바닷속 비경까지 탐할 처지는 아니다. 본격적으로 스쿠버 다이빙을 즐기려면 라이선스가 필요하고, 라이선스를 따려면 적어도 며칠 교육을 받아야 된다. 스쿠버 다이버들이 들으면 욕하겠지만, 기껏 다합까지 가서 스쿠버 대신 이런 거 저런 거 다 필요 없이 물안경 하나 쓰고 동해안 해수욕장 물놀이하듯 첨벙 뛰어들면 되는 스노클링(스킨 다이빙)을 선택한 이유다.

바닷속을 구경하는 것이 주목적이 아닌 내가 굳이 다합을 경유지에 포함시킨 이유 가운데 또 하나는, 여기가 이집트에서 육로를 통해 이스라엘로 들어갈 수 있는 포인트라는 점이다. 실제로 우리 가족은 다합에서 달랑 이틀을 머문 뒤 러시아인들로 가득 차 시쳇말로 도떼기시장 같은 야간 버스를 타고 이스라엘로 들어갔다.이스라엘에 간 이상 예루살렘과 통곡의 벽, 예수님이 태어난 나사렛과 갈릴리 호수를 안 볼 재간은 없지만, 정작 내가 삼엄한 검문검색을 불사하고 이스라엘을 찾은 내심은 딴 데 있었다.

사해. 이름부터가 범상치 않다. '죽을 사(死), 바다 해(海).' 영어로도 똑같다. Dead Sea. '죽을 사' 자가 붙은 이유는 다들 아시다시피 워낙 염도가 높아 생물이 살 수 없기 때문이다. (물론 그런 환경에서 사는 생물이 전혀 없지는 않다.) 하지만 사해는 아무리 지도를 들여다봐도 육지로 에워싸여 있어 바다라기보다는 호수라고 해야 옳을 듯하다.

〈사진 1-10〉 **사해**

1. 물 반 소금 반(?) 2. 몸이 둥둥
3. 곳곳에 있는 샤워 시설 4. 주의 사항 표지판

이렇게 육지로 에워싸여 있으면서도 '바다'라는 이름이 붙은 호
수는 사해 말고도 더러 있다. 흑해는 에게해를 통해 지중해와 연결
되어 있으니 그렇다 하더라도, 카스피해나 아랄해 등은 완전히 내
륙에 갇혀 있으면서도 '바다'로 불린다. 특히 카스피해의 경우는
인접한 국가들의 자원 소유권을 둘러싸고 바다냐, 호수냐의 논쟁
이 오랫동안 지속되고 있기도 하다.

엄밀히 말해서 사해는 이름과는 달리 호수라고 봐야 한다. 보통

바닷물과 비교해도 상대가 되지 않을 만큼 염도가 높고, 옛날에 이 부근에서 살던 사람들의 세계관이 워낙 좁아 이 정도 넓이라면 바다가 틀림없다고 생각했기 때문에 이런 이름이 붙었다는 속설도 있다.

아무튼 나는 교사 시절 지구과학 수업 시간에 학생들에게 사해에 대해 얘기할 때마다 정말로 사해에 드러누워 신문을 볼 수 있는지 직접 확인하는 것을 버킷리스트에 올린 터였다. 이집트 다합에서 심야 버스를 타고 밤새 달려 새벽에 이스라엘에 도착하자마자 제일 먼저 옷을 벗어 던지고 사해로 뛰어든 사람이 바로 나였다.

그랬다!!! 물침대가 따로 없다!!! 염도가 워낙 높아 물속에 오래 있으면 피부가 상한다고 해서 오랫동안 물속에 머무르지는 못했지만, 아무리 물속으로 몸을 굽혀 보려 해도 마치 오뚝이처럼 몸이 벌떡벌떡 세워지니 그렇게 신기할 수가 없었다. 미처 신문을 준비하지는 못했지만 정말로 물위에 누워 책 읽는 자세를 흉내내 보았다. 오랜 숙제 하나를 해치운 것 같아 뿌듯한 순간이었다.

일반적으로 바닷물 속에는 약 3.5퍼센트(35퍼밀)의 소금이 섞여 있는 반면, 사해의 경우는 그 비율이 20퍼센트(200퍼밀)에 달한다. 조금 과장해서 말하면, 물 반 소금 반이다. 왜 이 물은 이렇게 짜게 되었을까? 아니, 그 전에 바닷물은 왜 짠지부터 생각해 보도록 하자.

바닷물은 왜 짤까?

어릴 때 욕심 많은 형이 소금이 무한정 나오는 맷돌을 훔쳐서 배를 타고 달아나다가, 멈추는 법을 몰라 맷돌과 함께 바다에 빠진 탓에 바닷물이 짜게 되었다는 전래동화를 들은 기억이 난다. 조물주가 원래부터 짜게 만들었다고 생각하는 사람들도 있다. 그 조물주는 왜 바닷물을 짜게 만들었을까? 안 그래도 먹는 물이 부족하여 난리인데, 바닷물을 그냥 퍼서 마실 수 있다면 얼마나 좋을까?

안 될 이야기다. 바닷물이 짠 것은 바로 지구를 정화시키는 청소부 역할을 해야 하기 때문이다. 소금은 항균, 멸균 작용을 하며 물질이 쉽게 부패하지 않도록 막아주는 방부제 역할을 한다. 음식을 소금에 절여 두면 냉장고에 넣지 않아도 오랫동안 상하지 않아 두고두고 먹을 수 있는 것과 같은 이치다. 만약 바닷물이 짜지 않으면 흘러들어간 쓰레기들이 모두 썩어 시궁창 같은 악취를 풍길 것이다.

그렇다면 바다는 처음부터 짰을까? 그렇지는 않다. 바다는 지구 생성 초기에 만들어진 엄청난 수증기들이 비가 되어 내리면서 낮은 곳에 모여 만들어졌다. 따라서 초기의 바다는 전혀 짜지 않은 상태였다. 그 후 지구가 어느 정도 형태를 갖추고 지각 변동이 시작되었는데 이때 해저에서 화산 활동이 일어나면서 화산 분출물 중 염소(Cl)가 바닷물에 축적되기 시작했다.

한편 나트륨(Na)은 육지에서 온 것이다. 즉, 육지를 이루는 암석은 여러 광물들로 되어 있는데 그중 몇몇 광물들은 나트륨을 포함하고 있다. 하늘에서 내린 빗물은 지표나 지하의 암석 사이를 흘러

바다로 모이게 되는데, 그 과정에 암석에 있던 나트륨이 녹아들어 간다. 직녀와 견우가 만나듯 암석에서 빠져나온 나트륨은 해저 지각 내부에서 탈출해 기다리고 있던 염소와 만나 염화나트륨(NaCl)을 만들면서 바닷물이 짠맛을 내게 된 것이다.

사해의 경우는 지리적으로 건조한 지역에 위치할 뿐 아니라 주변의 지형에 비해 상당히 지대가 낮은 곳에 위치한다. 해발고도로 따지면 -430미터 정도여서, 바다를 제외한 마른 땅 중에서는 세계에서 제일 낮은 곳이다. (반대로 남미의 티티카카 호수는 해발고도가 3,810미터에 달해 세계에서 제일 높은 곳에 있는 호수로 꼽힌다.) 따라서 한 번 사해에 들어온 물은 증발해서 수증기가 되기 전까지는 빠져나갈 구멍이 없다. 물이 증발하면서 남은 광물질이 계속해서 쌓이기만 하면서 결국 지금과 같은 살인적인 염도를 가지게 되었다.

소금은 생명체가 살아가는데 없어서는 안 될 가장 필수적인 요소 가운데 하나로 꼽힌다. 세상에 온갖 귀한 보석도 많고 신기한 특성을 가진 물질도 많지만, 그런 의미에서 소금은 어떤 보석보다 더 귀중한 셈이다. 예전에 아프리카 일부 지역에서는 실제로 소금이 황금과 1대1의 환율(?)로 교환되던 시절도 있었다. 사해에는 그 귀한 소금이 지천으로 널렸다.

물의 신비

말이 난 김에 물에 대해서도 조금 짚고 넘어가자. 사실 우리는 물을 아주 만만하게 생각한다. 우리나라가 물 부족 국가로 분류되기 시작한 것은 이미 오래전의 일이지만, 아직도 심각한 가뭄이 들었을 때 말고는 물 부족을 체감하는 사람은 그리 많지 않다. 오히려 아직도 "사람을 물로 보나?" "돈을 물 쓰듯 한다." "올해는 최악의 물수능이었다."는 등의 표현에서 보듯 물은 함부로 대해도 되는 대상으로 본다. 심지어 사람의 성을 '물' 씨로 바꿔 부르기도 하는데, 내가 보기에 이는 비아냥거리는 것이 아니라 최고의 찬사다. 물은 이 세상에서, 아니 우주 전체를 통틀어 가장 위대하고 신비한 물질이기 때문이다.

우선 물은 액체 중에서 최강의 용해력을 자랑한다. 물에 녹는 물질의 종류가 많다는 뜻이다. 예를 들어 커피가 물에 녹지 않는다면 맛있는 커피를 마실 수 없을 것이고 단백질과 녹말, 핵산, 당 등이 우리 몸속에서 물에 녹지 않으면 우리는 아무리 좋은 음식을 많이 먹어도 결국 영양실조에 걸리고 말 것이다.

둘째, 물은 녹는 점과 끓는 점이 높다. 즉, 0도에서 녹고 100도에서 끓는다. 녹는 점과 끓는 점은 고체가 액체로, 액체가 기체로 바뀌는 온도를 말한다. 주기율표에서 산소와 비슷한 위치에 있는 원소들의 화합물(NH_3, HF, CH_4)에 비해서도 훨씬 높다. 이것은 보통 환경에서 다른 물질들이 대부분 하나 혹은 두 가지 상태로만 존재하는데 비해 물은 기체(수증기), 액체(물), 고체(얼음)의 세 가지 상태로 존재한다는 뜻이다.

셋째, 물은 고체 상태일 때보다 액체 상태의 밀도가 높은 유일한 물질이다. 그래서 얼음이 물에 뜨고, 또 온도가 내려가면 표면부터

얼기 시작한다. 아무리 온도가 내려가도 표면의 얼음이 냉기를 막아주기 때문에 호수나 바다의 바닥까지 얼어붙는 사태는 좀처럼 생기지 않는다. 만약 얼음이 물보다 밀도가 높아서 밑으로 가라앉으면 물고기를 비롯한 수많은 수중 생물이 살아날 재간이 없다. 어쩌면 애초에 생명이 탄생할 수 없었을지도 모른다.

넷째, 물은 비열이 엄청나게 크다. 비열이란 어떤 물질의 온도를 1도 올리는데 필요한 에너지의 양을 의미한다. 물의 비열이 크다는 말은 곧 물의 온도를 올리는데 많은 에너지가 필요하다는 뜻이고, 따라서 어지간해서는 온도가 변하지 않는다는 뜻이다. 사막에 해가 내리쬐면 빨리 뜨거워지고 해가 지면 빨리 식어서 극심한 일교차가 생기지만, 바다는 상대적으로 온도 변화의 폭이 적다. 그래서 바다는 대기와 함께 지구의 온도를 일정하게 유지시키는 중요한 일을 하고 있다. 단순하게 생각하면 바다가 필요 이상으로 너무 넓고 깊은 것 같지만 거기에는 다 이유가 있다.

그럴 리야 없지만 만약 우리 몸의 70퍼센트가 물이 아닌 금으로 이루어져 있다면 어떻게 될까? 물의 비열을 1이라 할 때 금의 비열은 0.03에 불과하니 외부 온도의 변화에 따라 달궈졌다 식었다 하는 과정이 되풀이될 테고, 따라서 자고 일어나면 머리에 금이 가 있을지도 모른다!

이렇게 물이 특별한 성질을 가지게 된 큰 이유 중의 하나는 물의 분자 구조에 숨어 있다. 즉, 물은 하나의 분자 내에서는 산소(O)를 가운데 두고 약 105도의 각도로 2개의 수소(H)가 결합(공유결합)되어 있으며, 다른 물 분자와는 더 강한 결합(수소결합)으로 되어 있다.

자연 상태에서 100퍼센트 순수한 물은 없다. 빗물조차도 증류수는 아니다. 빗물 속에도 아주 적기는 하지만 바닷물의 성분과 비슷한 성분들이 들어 있고, 육지의 물속에도 여러 성분들이 녹아 있다. 다만 그 양이 바닷물에 비해 적기도 하거니와 특별한 맛을 내는 성분이 없기 때문에 보통 육지의 물은 아무 맛이 없는 그냥 물맛(?)이라고 한다.

육지의 물속에 들어 있는 성분은 지역에 따라 다른데, 그것은 그 지역의 암석과 밀접한 관련이 있다. 즉, 암석의 종류가 다르다는 것은 그 암석을 이루는 광물이 다르다는 것이고 광물이 다르다는 것은 광물을 만드는 원소가 다르다는 것을 의미한다. 따라서 원소가 다르면 물의 성분이 달라진다. 우리는 옛날에 먼 친척집이나 멀리 여행을 갔을 때 배탈이나 두드러기가 난 경험들이 있을 것이다. 그때 어른들은 물을 바꿔먹어서 그렇다고 말씀하셨는데, 과학적으로 근거가 있는 말이다.

우연인지 필연인지 몰라도, 우리 몸 역시 지구와 마찬가지로 70퍼센트가 물로 이루어져 있다. 이 70퍼센트 가운데 5퍼센트를 잃으면 헛것이 보이기 시작하고, 15퍼센트를 잃으면 목숨이 위태로워진다. 세상에 물보다 더 소중하고 신비로운 물질은 없다.

5

이집트-이스라엘-요르단-터키

원래 일정을 앞당겨 이스라엘로 건너가느라 카이로에 그냥 놔두고 온 짐을 찾으러 다시 이집트로 돌아가야 했다. 그런데 국경을 통과하는 과정이 여간 까다롭지 않았다. 이중 삼중 사중으로 보안 검색을 하는 것만 봐도 이스라엘과 아랍의 다른 나라들 사이에 관계가 좋지 않다는 것이 느껴졌다. 특히 여권에 이스라엘 출입국 도장이 찍혀 있으면 다른 나라에서는 입국을 꺼린다고 한다. 그래서인지 이스라엘 측에서는 여권이 아닌 다른 종이에 출입국 도장을 찍어 주었다.

페트라

사해를 가운데 두고 이스라엘과 마주보고 있는 요르단은 어떤 면에서 상당히 불운한 나라다. 중동에서 거의 유일하게 석유가 나지 않는 나라이고, 그러다 보니 국가의 재정이 늘 쪼들린다. 그렇지 않아도 종교적인 갈등 때문에 이스라엘과 사이가 좋지 않은 판에, 사우디아라비아나 이란, 이라크 같은 석유 부국들 사이에 끼어 이리저리 눈치를 봐야 한다.

　하지만 요르단은 이슬람교도가 전체 인구의 90퍼센트 이상을 차지하는 나라답지 않게 다른 중동 국가나 서방 세계를 상대로 상당히 개방적이고 유연한 외교 관계를 유지하는 덕분에, 다른 중동 국가들에 비해 오히려 정국은 비교적 안정된 편이다. 현재 요르단 국

〈사진 1-11〉 **페트라**

[바위(사암)를 깎아서 만든 건축물 : 왕의 묘지, 원형 극장, 수로 등 다양]

왕인 압둘라 2세는 아랍의 다른 왕족들과는 비교가 되지 않을 만큼 '개념이 충만'하며, 특히 그의 아내인 라이나 왕비는 전 세계에서 가장 아름다운 퍼스트레이디로 꼽힐 만큼 미모가 뛰어나다. 나는 개인적으로 그의 부친이자 전 국왕인 후세인 1세를 지금도 또렷이 기억한다. 인자한 아저씨처럼 생긴 외모로 중동 지역에 무슨 문제가 생길 때마다 이리저리 뛰어다니며 중재자 역할을 도맡아 하던 모습을 뉴스에서 자주 접한 탓이다. 그 역시 미국 출신의 아름다운 왕비를 두었었다.

신은 요르단에 석유를 주지 않은 대신 페트라를 주었다. 아마도 그래서 신은 공정하다고 하는지도 모른다. 세계 7대 불가사의 가운데 하나로 꼽히는 페트라는 고대 도시의 유적지인데, 〈인디애나 존스〉나 〈트랜스포머〉 같은 영화의 배경이 될 만큼 아름답고 웅장하다. 우리의 원래 여행 계획에는 요르단이 포함되어 있지 않았지만, 이 페트라를 본 덕분에 꼬여 버린 일정으로 인한 피해를 모두 용서할 수 있을 정도였다.

카이로 차치기 사건

우리가 카이로로 돌아왔을 때는 이번 여행을 시작한 지 두 달가량 되는 시점이었다. 집 떠나면 고생이라는 말도 있듯이, 아무리 여행을 좋아하고 철두철미하게 계획을 세웠다 해도 어느 정도 시간이 지나면 체력과 집중력이 현저하게 떨어지게 마련이다.

사람에 따라 차이가 있겠지만 나 같은 경우는 그 기간이 두 달 남짓인 모양이었다. 게다가 하필이면 그 시점에 지금 생각해도 머리털이 쭈뼛거릴 정도로 끔찍한 봉변을 당했다. 다합에서 카이로로 되돌아오는 길은 수에즈 운하를 직접 밟아 보고 싶어서 버스를 이용했는데, 밤새 달려 카이로에 도착하니 새벽 시간이라 숙소로 들어가기도 그렇고 해서 시내의 박물관 구경을 하려고 가까운 지하철역으로 향했다. 마침 현지 여행 가이드라고 소개한 젊은 친구도 지하철을 탄다고 해서 아내와 나란히 앞장서고 나는 조금 떨어져서 아들과 함께 뒤따라갔다.

이른 아침이라 그런지 상당히 넓은 도로인데도 지나가는 차들은 거의 없고 사람도 드문데, 인도에도 장애물이 많아 별 생각 없이 차도로 걸어가게 되었다. 그때 앞쪽에서 승용차 한 대가 다가오더니 양쪽 차창 밖으로 팔이 하나씩 쑥 튀어나와 아내와 젊은 청년이 어깨에 메고 있던 가방을 각각 낚아채는 것이었다. 아내는 본능적으로 두 팔로 가방을 끌어안았고, 차가 속도를 높이자 아내는 아스팔트 위에 쓰러져 끌려가면서도 가방을 놓지 않았다. 그렇게 10미터 이상을 끌려가다가 다행히 가방 끈이 끊어지고 차는 그대로 달아난 덕분에 더 큰 불상사는 면했지만, 하마터면 정말 큰일 날 뻔했다.

깜짝 놀라 달려가 보니 아내는 옷이 해어지고 여기저기 찰과상을 입어 피가 나기는 했지만 생각보다 크게 다치지는 않았다. 아내가 괜찮은 것을 확인한 나는 버럭 화를 냈다. 그까짓 가방 안 뺏기려다 무슨 큰일이라도 당했으면 어쩔 뻔했냐고. 나중에 정신이 좀 돌아오고 생각하니, 그렇지 않아도 놀라고 황망했을 아내에게 화부터 낸 나 자신이 그렇게 한심하고 미울 수가 없었다. 함께 봉변을 당한 젊은 친구는 노트북 끈이 너무 단단한 나머지 50여 미터를 더 끌려가고 말았는데, 그깟 노트북이 뭐라고…… 절룩거리며 그러나 승리의 V자를 그리며 돌아오던 그의 모습이 지금도 눈에 선하다.

실패로 끝난 단합 대회

이집트 다음 목적지는 터키였는데, 이 '카이로 차치기 사건'을 겪고 나니 몸과 마음이 완전히 지쳐 도저히 엄두가 나지 않았다. 그렇다고 야심차게 시작한 세계 일주를 접을 수는 없고, 고민 끝에 묘수를 떠올렸다. 인터넷을 뒤져 보니 마침 비슷한 시기에 한국의 어느 여행사에서 마련한 터키 단체 여행 상품이 있었다. 부랴부랴 그 관광객들과 터키 현지에서 합류하기로 일정을 맞췄다.

솔직히 말해서 평소에는 가이드 깃발 따라 우르르 몰려다니는 단체 여행을 그리 좋게 보지 않았지만 정작 나 자신이 정신적으로, 체력적으로 완전히 방전된 상태에서 단체 여행을 따라다녀 보니 그렇게 편할 수가 없었다. 당장 무엇을 볼지, 무엇을 먹을지, 어디에서 잘지 고민하지 않아도 된다는 것이 축복으로 느껴질 정도였다.

또 하나 이 단체 여행의 좋은 점 가운데 하나는 모처럼 말이 통하는 동포(!)들과 함께 할 수 있다는 점이었다. 물론 요즘은 세계 어디를 가나 한국 사람이 없는 곳이 없어서 더러 한인이 운영하는 숙박업체나 식당, 여행사 등을 이용하기는 했다. 그런 분들도 먼 이국땅에서 외롭게 생활하다 우리 같은 한국 사람이 찾아오면 반갑기야 하겠지만, 아무래도 비즈니스를 하는 분들이라 업주와 고객의 관계가 우선되는 느낌을 받았다. 반면에 단체 여행을 함께 하게 된 사람들은 그야말로 한배를 탄 공동운명체일 뿐 아니라 각자의 여행 목적이나 관심사가 비슷해서 빠른 시간 안에 급속히 가까워질 수 있었다.

따지고 보면 우리가 여행을 하면서 마주치는 현지인이나 단체 여행에서 만난 한국인이나 생면부지의 낯선 타인이라는 점에서는 차이가 없다. 하지만 같은 모국어를 쓴다는 사실은 다른 어떤 공통점보다도 더 큰 유대감을 가져다주는 느낌이었다. 어쩌면 이것은 내영어가 실로 참담한 수준이라는 사실 때문인지도 모르지만.

터키로 넘어갔을 무렵, 우리 가족은 다들 잔뜩 지쳐 있었다. 당시의 사진을 들춰보면 그냥 지친 게 아니라 화가 난 사람들처럼 보이기까지 한다. 표면적인 이유는 장기간의 여행으로 인한 피로의 누적, 보다 직접적으로는 이집트에서 당한 차치기 사건의 여파 때문이었지만, 정작 그보다 더욱 근본적인 이유는 따로 있었다. 바로 '단합 대회'의 후유증 때문이었다. 무슨 소리냐고?

카이로를 떠나기 직전, 우리 가족은 점차 고갈되어 가는 여행의 에너지를 보충하자는 취지로 나일강이 내려다보이는 고급스런 레스토랑에서 단합 대회를 가졌다. 음식이 나올 때까지만 해도 분위기가 좋았다. 그러나 지난 여행을 돌아보는 과정에서 엉뚱한 방향으로 불똥이 튀고 말았다. 그동안 내가 내심 아쉽게 생각했던 아이들의 자세나 행동을 점잖게 타이르고 싶었는데, 말을 하다 보니 점점 감정이 격앙되어 나중에는 결국 '해서는 안 될 소리' 까지 내뱉고 만 것이다.

원래 우리 가족은 여행 첫날 홍콩에서 여행 동안 지켜야 할 몇 가지 원칙을 정하고 함께 약속했었다. 그 첫 번째가 '어떤 경우에도 화내지 않기' 였다. 아무리 가족이라도 함께 오랫동안 여행을 한다는 것이 쉽지 않을 것으로 예상했기 때문이었다. 그것과는 별개로 나는 '이번 기회에 아내와 자식들을 위해 특별히 봉사하겠다' 고 마음속으로 다짐한 터였다.

하지만 그런 다짐을 한결같이 실행에 옮기기란 쉬운 일이 아니었다. 아무리 서로 사랑하는 가족 사이라 해도 평상시에는 각자의 생활에 바빠 한집에 살아도 얼굴을 마주하는 시간이 얼마 되지 않지만, 장기 여행이라는 특수한 환경 속에서 하루 24시간을 함께 생활하다 보면 서로 부딪히는 부분이 생기기 마련이다.

위에서 언급한 '해서는 안 될 소리' 란 "우리가 누구 때문에 여행을 왔는지 아느냐?" 라는 말이었다. 물론 이 말에는 엄마 아빠가 커다란 희생을 감수한 채 너희들을 위해 이 고생을 하고 있다는 공치사가 숨어 있다. 딱히 거짓말도, 지나친 과장도 아니지만 듣는 아이들 입장에서는 '우리가 언제 여행 데려와 달라고 했느냐' 라는 반발심이 생기는 것도 무리가 아니다.

당시만 해도 둘째는 아직 초등학생이라 그렇다 치더라도 고등학생인 큰 아들의 경우는 사정이 달랐다. 자기 나름대로 꿈도 있고 계획도 있는데 멀쩡하게 잘 다니던 학교를 자퇴까지 하고 여행을 따라왔으니 부모가 마음대로 자신의 인생을 '결정'하려 한다는 생각이 들었을 것이고, 특히나 그 나이에는 무엇보다 더 소중하게 느껴질 친구들과 생이별(?)을 해야 했으니 더욱 그랬을 것이다.

아무튼 그날 단합 대회 자리에서 결국 다들 마음이 상해 시켜놓은 비싼 음식은 먹는 둥 마는 둥 서로 인상만 찌푸린 채 그곳을 나왔다. 단합 대회의 기본 원칙도, 처음에 한 약속도 지키지 않았던 것이다. 그 후유증은 생각보다 컸고, 또 오래 갔다.

지금 생각하면 그조차도 추억으로 돌릴 수 있겠다 싶지만, 조금만 더 서로를 배려하고 이해하려는 노력이 선행되었다면 더욱 알찬 시간을 보낼 수 있지 않았을까 하는 아쉬움이 남는 것도 사실이다.

형제의 나라

이런저런 이유로 심신이 지친 우리 가족에게 터키 여행은 그야말로 재충전의 시간이었다. 터키와 한국이 형제의 나라라는 말을 들어보기는 했지만 2002년 한일 월드컵 3-4위전 때 말고는 그 말을 피부로 실감할 기회가 없던 나로서는, 한국에서 왔다는 이유 하나만으로 환한 미소로 맞아주는 터키 사람들이 오히려 조금 얼떨떨할 정도였다. 케밥을 하나 사러 가게에 들어가도 한국 사람이냐고 물어서 그렇다고 하면 고기 한 점이라도 더 얹어주곤 했다.

더욱 놀라운 일은 이스탄불의 성 소피아 성당에서 벌어졌다. 우리가 갔을 때 마침 터키 여학생들이 단체 관람을 온 모양이었는데,

〈사진 1-12〉 **보스포루스 해협**

1. 아시아와 유럽을 가르는 보스포루스 해협
2. 성소피아 사원

우리 큰아들을 보더니 그 여학생들이 마치 아이돌 스타라도 발견한 것처럼 우르르 달려와 같이 사진을 찍자느니, 심지어 사인을 해 달라며 야단법석이었다.

　물론 부모인 내 눈에는 큰아들이 스타 대접을 받는 것도 당연(?)

한 것처럼 보였는데, 알고 보니 우리 일행 가운데 누군가가 장난삼아 한 얘기를 터키 여학생들이 그대로 믿었던 모양이었다. 나중에는 상황이 너무 크게 번져 해명도 못하고 잠시나마 큰아들은 아이돌 스타가 되어 버렸다.

아무튼 그 일 이후 큰아들의 표정도 조금은 펴졌고, 한국에서 온 단체 여행객들 가운데 대학생 형들과 어울리면서 비교적 즐거운 시간을 보내는 눈치였다. 나는 나대로 가장이자 인솔자로서의 책임을 벗어던지고 홀가분한 마음으로 일행을 따라다니며 관광에 전념했다.

마음이 편해져서 그런지 몰라도, 터키라는 나라가 무척 친근하게 다가왔다. 비록 지금은 선진국이라 할 수 없지만 따지고 보면 터키는 넓은 국토, 아름다운 산과 바다, 1억에 육박하는 인구, 풍부한 지하자원 등 선진국으로 도약하기 위해 필요한 모든 요소를 두루 갖춘 매력적인 나라였다. 특히 보스포루스 해협에서 유람선을 타고 두 팔을 벌리면 오른팔은 유럽, 왼팔은 아시아에 걸쳐진다는 지정학적 요충지이기도 하다. 물론 이 때문에 외세의 침략에 시달리던 시기도 있었지만, 오히려 이를 장점으로 승화시키면 무궁무진한 발전의 잠재력을 발휘할 수 있지 않을까 싶다.

단지 우리가 다녀온 이듬해부터 쿠르드 반군과 IS 등이 주도하는 테러 사건이 연이어 발생하더니, 급기야 이 글을 쓰기 며칠 전에는 에르도안 대통령을 몰아내기 위한 쿠데타가 발생해 위에 언급한 그 아름답던 보스포루스 해협에 한바탕 피비린내가 몰아쳤다는 외신을 접하면서 착잡한 마음을 감출 수 없었다.

우리가 직접 가본 터키의 여러 관광 명소 가운데 댄 브라운의 소설 〈인페르노〉에서 언급된 아야 소피아 대성당과 예레바탄 사라이가 기억에 남지만, 백미는 역시 카파도키아의 열기구 체험이었다.

스머프의 고향, 카파도키아

카파도키아는 드넓은 벌판에 기기묘묘한 기암괴석들이 여기저기 솟아올라 보는 이의 혼을 사로잡는 곳이다. 어떻게 해서 이런 상상

〈사진 1-13〉 **카파도키아**

을 초월하는 풍광이 만들어졌는지를 찾아보니, 수백만 년 전에 이 부근에서 거대한 화산이 폭발한 모양이다. 이때 흘러나온 화산재와 용암이 뒤섞여 이루어진 지층이 몇 차례의 지각 변동을 거치며 풍화되었다고 한다.

이렇게 화산재가 굳어서 만들어진 돌을 응회암이라고 하는데, 색깔과 굳기에서 조금 차이가 나기는 해도 내 고향에서 멀지 않은 청송 주왕산의 절벽과 바위들을 이루는 돌이 같은 응회암 계열이라 그리 낯설지 않았다. 기본적으로 응회암은 무른 편이어서 사람이 비교적 큰 힘을 들이지 않고도 속을 파낼 수 있다.

로마의 박해를 피해 이 지역으로 건너온 초기의 기독교인들은 외부의 눈을 피하기 위해 암벽과 바위 계곡 사이를 깎아 거주지를 만들었고, 나중에는 동굴 교회와 지하 도시까지 건설했다고 한다. 이렇게 해서 카파도키아는 자연과 인간의 힘이 합쳐져 SF 영화 〈스타워즈〉의 촬영지로 선정될 만큼 독특한 지형을 간직하게 된 것이다.

애니메이션 〈개구쟁이 스머프〉의 무대가 된 것으로도 유명한 카파도키아는 지상에서 봐도 아름답고 특이한 풍광을 자랑하지만, 열기구를 타고 수백 미터 상공으로 올라가 내려다보는 그림은 네팔 포카라에서의 패러글라이딩에 버금갈 정도의 감동을 선사해 주었다.

이상으로 아시아와 아프리카, 중동 지역을 훑은 우리의 세계 일주 1장은 막을 내렸다. 고맙고 반가웠던 한국의 단체 관광객들과 헤어진 뒤, 우리는 새롭게 여행을 시작하는 기분으로 프랑스 파리에 입성했다.

2장

폼페이와 그리니치

8백만 원짜리 축구 관람

유럽은 일찍부터 여행 인프라가 잘 갖춰진 곳이다. 그만큼 다른 지역에 비해 여행하기가 편리하다. 다양한 숙박 시설이 갖춰져 있고, 각 나라와 도시를 연결하는 기차와 버스는 물론 한 도시 안에서도 지하철이나 버스 등 대중교통이 잘 발달되어 있다. 무엇보다도 단일 화폐(유로화)의 사용으로 인한 편리함은 이루 말할 수 없다.

오래전 내가 배낭여행에 나섰을 때만 해도 유로화가 등장하기 전이었고, 어찌 된 일인지 환율이 천차만별이었다. 서로 다른 은행은 물론이거니와 같은 은행이라 해도 지점마다 환율이 서로 달랐다. 게다가 수수료를 30퍼센트까지 떼는 경우도 있어 위험을 무릅쓰고 뒷골목의 환전상을 찾기도 했다. 설상가상으로 나라마다 화폐 단위와 생긴 모양이 다르니 여간 머리가 아프지 않았다.

그런 점에서 모든 나라가 단일 화폐를 사용(영국은 파운드와 함께 사용)하는 이번 여행은 정말로 편리했다. 더구나 내 마음대로 움직일 수 있는 자동차까지 있으니 금상첨화가 따로 없다.

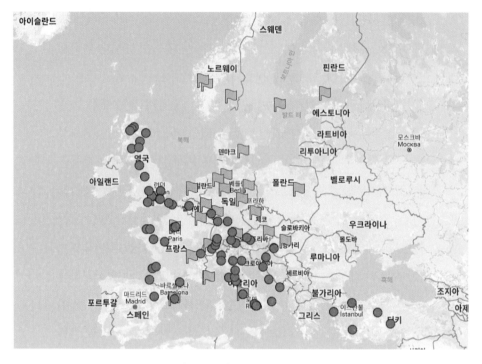

〈지도 2-1〉 **유럽의 여행지**

　이번 여행은 처음부터 유럽은 자동차 여행으로 계획을 세웠다. 차가 있으면 이동이 자유롭기도 하지만 네 명이 함께 다녀야 하니 대중교통을 이용하는 것보다 훨씬 비용이 절약되기 때문이었다. 사전에 알아보니 18일 미만이면 렌터카가, 그 이상이면 리스가 더 저렴했다. 우리는 유럽에서만 석 달 가까이 머물 계획이라 한국에서 미리 자동차 리스 계약을 해놓고 떠난 참이었다. 파리에 도착하자마자 미리 계약해둔 자동차를 인수할 수 있었다.

　몇 달 동안 대중교통에 의존하다가 언제 어디서나 내 마음대로 이동할 수 있는 자동차가 생기니 그렇게 편리할 수가 없었다. 무엇보다도 짐에서 해방된 것은 커다란 축복이었다. 무슨 말인가 하면…….

여행을 떠나기 전에 나름대로 공부를 많이 한다고 했지만 우리의 가장 큰 실수 가운데 하나가 바로 짐, 그중에서도 옷이었다. 워낙 여행 기간이 길고 경유지도 다양하다 보니 사계절 옷을 다 챙겼는데, 그러다 보니 온 식구가 각각 커다란 배낭을 하나씩 짊어져야 했다. 가는 곳마다 그 무거운 배낭을 낑낑거리며 가지고 다니려니 그런 고역이 없었다. 지금 생각해보면 옷을 그렇게 많이 가져간 것은 정말 멍청한 짓이었다. 나중에 짐을 풀어보니 한 번도 입지 않은 옷이 수두룩했다. 옷이 꼭 필요하면 현지의 재래시장에서 제일 싼 옷을 사서 며칠 입다가 떠날 때 버리고 오는 한이 있더라도, 여행을 떠날 때는 짐의 부피와 무게를 최소한으로 줄이는 것이 좋다는 교훈을 얻었다.

아무튼 그렇게 힘겹게 끌고 다니던 짐을 차에 싣고 다닐 수 있으니 몸이 홀가분할 뿐 아니라, 숙소를 구하지 못하면 최악의 경우 차 안에서 잠시 눈을 붙일 수도 있으니 마음조차 한결 가벼워졌다.

물론 자동차 여행의 단점도 분명히 있다. 낯선 환경, 낯선 도로에서 운전하려면 신경을 있는 대로 곤두세워야 하고, 파리나 로마 같은 대도시에 들어가면 주차하기가 너무 힘들어서 아예 외곽의 공용 주차장에 차를 세워두고 대중교통을 이용하는 것이 나았다. 특히 스위스 같은 나라는 알프스 꼭대기의 한적한 산골 마을에서조차 무료 주차장을 찾아볼 수가 없어 혀를 내두를 정도였다.

또 영국이나 독일 같은 나라는 도심으로 진입하는 차량들을 상대로 우리로 치면 환경분담금 같은 것을 징수하는데, 나처럼 내비게이션만 보고 운전하는 외지인들은 자신도 모르는 사이에 대상 지역으로 들어서기 일쑤였다. 톨게이트에서 통행료 내는 방식이 나라마다 달라 난감할 때도 많았다.

그러나 이 모든 불편함에도 불구하고 차를 직접 운전함으로서 누리는 혜택은 쉽게 외면할 수가 없으니, 그 가운데 으뜸은 역시 강력한 기동력을 발휘할 수 있다는 점이었다. 실제로 우리는 3주 남짓 프랑스를 여행하는 동안 대중교통으로는 엄두도 내지 못했을 지방 도시들을 신나게 돌아다녔다. 몽생미셸과 생말로, 뚜루와 루아르 등지의 화려하면서도 웅장한 중세의 고성(古城)들을 둘러보는 것이 프랑스 여행의 주요 테마였다.

아, FC 바르셀로나!

대서양 연안의 비아리츠라는 도시에서 하룻밤을 묵고, 다음 날 스페인으로 넘어가 사라고자를 거쳐 바르셀로나로 들어갔다. 바르셀로나는 천재 건축가 안토니 가우디(Antoni Gaudí i Cornet, 1852.06.25 ~1926.06.10)의 손길이 곳곳에 남아 있는 도시다. 특히 1882년에 착공되었지만 아직도 공사가 진행중이고, 가우디가 세상을 떠난 지 100년째 되는 2026년에야 완공될 예정이라는 사그라다 파밀리아, 우리말로 '성가족 성당'은 건축의 문외한인 내가 봐도 입이 떡 벌

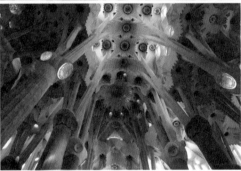

〈사진 2-1〉 **성가족 성당**

어질 뿐이었다.

　그러나 솔직히 말해서 내 가슴이 그토록 설렜던 진짜 이유는 그
날 저녁에 잡혀 있는 일정 때문이었다. 스페인 축구 리그의 전설적
인 구단 FC 바르셀로나의 홈 경기 입장권을 예매해두었던 것이다.
이 자리를 빌어 고백하건대, 나는 꽤 열렬한 축구광이다. 교사로 일
할 때도 틈만 나면 아이들과 어울려 운동장을 누볐고, 유럽 축구의
중요한 경기가 있는 날이면 밤잠을 설치며 텔레비전 앞을 지켰다.
그런 내가 어찌 바르셀로나의 경기를 직접 볼 수 있는 기회를 마다
하겠는가.

시즌이 막바지로 치닫는 4월 말이라 예년 같으면 막판 순위 경쟁이 한창이었겠지만, 마침 그해는 바르셀로나가 압도적인 선두를 달리고 있는데다가 상대팀이 중위권을 맴도는 레반테라는 팀이라 세간의 관심이 집중되는 빅 게임은 아니었다. 설상가상으로 축구의 신이라 불리는 바르셀로나의 주포 리오넬 메시가 부상으로 출전하기 힘든 경기였기 때문에 그나마 표를 구할 수 있었다.

〈사진 2-2〉 FC 바르셀로나의 캄프누(Camp Nou) 홈구장

역시 예상대로 경기 자체는 썩 화끈하지 않았다. 홈팀인 바르셀로나가 일방적으로 공격을 퍼부었음에도 불구하고 후반 끝나기 직전에 터진 세스크 파브레가스의 결승골로 간신히 1대0 승리를 거둔 경기였다. 그러나 10만 명이 들어갈 수 있다는 캄프누 경기장과 스페인 관중들의 열광적인 응원, 비록 메시는 없어도 발데스 골키퍼를 비롯해 이니에스타, 파브레가스, 다비드 비야 등 텔레비전에

서나 보던 세계적인 스타들이 뛰는 모습을 직접 지켜보니 벅찬 감격을 주체하기 힘들었다.

너무 흥분한 탓이었을까. 한국에서 가져간 휴대전화가 없어졌다는 사실을 깨달은 것은 숙소로 돌아온 다음이었다. 관중석에서 펄쩍펄쩍 뛰다가 주머니에서 빠진 것 같았다. 혹시나 하는 마음에 다음 날 다시 경기장으로 가 분실물센터를 뒤졌지만 허사였다. 그제야 부랴부랴 한국의 통신사에 분실 신고를 했는데, 만 하루도 안 되는 사이에 전화 요금이 무려 8백만 원 가량 올라가 있다는 사실을 알고 벌어진 입을 다물지 못했다. 어떻게 된 거냐고 물으니 내 전화로 세계 각국에 국제 전화가 계속 발신되었다는 것이다. 내 상식으로는 도저히 가능하지 않은 일이었지만, 통신사 직원은 큰 사업을 하는 고객들 중에 그렇게 국제 전화를 쓰는 사람들이 더러 있다고 했다. 나는 사업가도 아니고 일개 여행자일 뿐인데 너무하지 않느냐고 아무리 하소연해도 요금이 정상적으로 부과되었으니 어쩔 수 없다는 대답뿐이었다. 참으로 엄청나게 비싼 축구 경기를 구경한 셈이었다.

그때는 너무 화가 나서 다시는 축구장 근처도 안 가겠노라 다짐했지만, 그 뒤 영국에 갔을 때 내 발길은 나도 모르게 맨체스터유나이티드의 홈 경기장 올드 트래포드를 향하고 있었다. 그때는 시즌이 아니라 경기를 직접 관람할 수는 없었지만, 경기장 안의 기념관에 전시된 박지성 선수의 활약상을 보면서 약간의 보상을 받을 수 있었다.

아드리아의 진주

   원래는 스페인에서 곧장 이탈리아로 넘어갈 예정이었지만 불의의 휴대전화 분실 사건으로 일정이 바뀌었다. 마침 한국의 지인이 오스트리아로 온다고 해서 새 휴대전화를 구해 오라고 부탁한 탓에, 부랴부랴 다시 프랑스와 스위스를 거쳐 오스트리아로 가야 했다.

〈사진 2-3〉 **크로아티아**

1. 두브로브니크　2. 아드리아 해안가 모습　3. 4. 폴리트비체

어차피 스위스는 나중에 다시 가야 했지만 이왕 올라간 김에 잘츠 부르크와 할슈타트 등 오스트리아의 주요 관광지를 찍고 헝가리를 거쳐 크로아티아로 내려왔다.

크로아티아가 공식적으로 독립을 선언한 것이 1991년이니 역사는 이제 겨우 25년 남짓이고, 국토 면적이 한반도의 4분의 1, 인구는 400만 명 정도밖에 되지 않는 조그만 나라다. 게다가 독립 국가가 되기 전까지 이른바 유럽의 화약고라 불리는 발칸 반도에서 유고슬라비아와 헝가리, 세르비아, 보스니아 등의 주변 국가들과 함께 써내려온 역사는 어떻게 정리해볼 엄두가 나지 않을 만큼 복잡하게 얽혀 있다. 그럼에도 불구하고 이 지역이 오래전부터 유럽 전체에서도 손꼽히는 휴양지로 발달한 것은 아드리아해라는 지구에서 가장 아름다운 바다를 끼고 있기 때문이다. 넓게 보면 지중해의 일부이지만 이탈리아와 크로아티아 사이에 가로놓인 좁은 만 같은 바다를 아드리아해라고 부르는데, 특히 크로아티아 쪽의 해안선이 한 폭의 그림처럼 아름답다. 그중에서도 남쪽 끄트머리의 두브로브니크는 모든 유럽인들이 휴가를 보내고 싶어 하는, 말 그대로 '아드리아해의 진주'라 불리는 도시다.

이 아름다운 바닷가에 넋을 놓고 멍하니 앉아 있는데, 저만치 동양인으로 보이는 청년 둘이서 다이빙을 하며 신나게 놀고 있는 것이 보였다. 혹시나 해서 물어보니 아니나 다를까 한국, 그것도 내가 살던 대구에서 온 청년들이었다. 얘기를 들어보니 땡전 한 푼 없다고 하면 거짓말이겠지만 거의 무전여행 비슷하게 온갖 고생을 마다하지 않고 발길 닿는 대로 여행하는 친구들이었다. 조금은 무모해 보이기도 했지만 젊은이다운 패기가 가상하고 내 옛날 모습도 어른거려 도저히 그냥 헤어질 수가 없었다. 결국 우리가 묵던 숙소로 데려가 고기를 구워 먹으며 오랫동안 이야기를 나눴다.

다음 날 페리에 자동차를 싣고 아드리아해를 건너 이탈리아로 넘어가는데, 배 안에서 또 낯익은 얼굴들과 마주쳤다. 우리가 크로아티아에 도착하자마자 제일 먼저 찾아갔던 곳이 플리트비체라는 곳이었는데, 석회암 단층 폭포가 그야말로 눈부시게 아름다운 국립공원이 있는 곳이다. 제임스 카메론 감독이 영화 〈아바타〉에서 태초의 아름다움을 묘사하기 위해 선택한 촬영지가 바로 여기였다. 이 공원에서 우연히 만나 간단히 인사를 나눈 한국인들을 페리 안에서 다시 만난 것이다.

크로아티아가 요즘 한국 관광객들에게 새롭게 부각되는 여행지라고는 하지만 이렇게 가는 곳마다 한국 사람들을 만나게 될 줄은 몰랐다. 이야기를 들어보니 중학교 2학년에 다니다 자퇴한 여학생과 그 이모였다. 학교에서는 배울 게 많지 않다는 생각에 검정고시를 준비하다가 이모와 함께 여행을 다니는 중이라고 했다. 나 자신도 이 여행을 위해 아이들을 자퇴시킨 사람이지만, 과감하게 학교라는 울타리를 벗어나 세상을 둘러보러 나선 이 소녀가 대견하게 느껴지는 한편, 오랫동안 교직에 몸담았던 사람으로서 새삼 우리 학교 교육의 문제점을 떠올려보기도 했다.

폼페이 최후의 날

다들 아시다시피 폼페이는 북쪽으로 약 10킬로미터밖에 떨어져 있지 않은 베수비오 화산이 폭발해 말 그대로 하룻밤 사이에 흔적도 없이 사라져 버린 비운의 도시다. 서기 79년의 일이다. 두터운 화산재에 덮여 이런 도시가 존재했다는 사실조차 까마득히 잊힌 채 천 년도 훨씬 넘는 세월이 흐른 뒤, 우연한 기회에 발굴이 시작된 후 아직까지도 그 전모가 다 드러나지 않았다고 한다.

지금은 화산 주변에 설치된 지진계로부터 지진을 감지해 폭발을 예상하는 등 여러 징후들을 미리 감지함으로써 화산으로 인한 큰 피해를 어느 정도는 예방할 수 있다. 그러나 서기 79년에 지진계가 있었을 리 없다. 실제로 폼페이는 멸망 17년 전인 서기 62년에 큰 지진이 발생해 대부분의 건물이 파괴되는 피해를 입었다. 그럼에도 불구하고 당시 로마에서 제일 번성한 도시였던 폼페이 사람들은 아무 대비도 하지 않았고, 결국 불과 18시간 사이에 두께 3미터가 넘는 화산재가 순식간에 도시 전체를 삼켜 버렸다. 무엇보다도 손으로 코와 입을 막고 쓰러진 남자, 뱃속의 아기를 보호하려고 몸을 잔뜩 웅크린 채 죽어간 임산부의 모습은 우리를 더욱 안타깝게 한다.

이런 화석을 보면 당시의 사람들이 화산재를 덮어쓴 채 그대로 굳어버린 줄로 생각하는 이들이 많다. 하지만 사실 인간을 포함한 동식물은 뜨거운 화산재로 인해 타버리거나 부패해서 화석으로 남기가 어렵다. 요즘 우리가 보는 것은 화산재 사이에서 사체가 남긴 공간에 석고를 부어 원래의 모양을 복원한 캐스트 모형이다.

폼페이에서 베수비오 화산을 가운데 두고 북쪽으로 거의 비슷한 거리만큼 떨어진 곳에 나폴리가 자리하고 있다. 만약 서기 79년에 바람의 방향이 반대였다면 폼페이 대신 나폴리가 역사의 뒤안길로 사라졌을 것이다. 누가 정하는 것인지는 알 수 없지만 나폴리는 호주의 시드니, 브라질의 리우데자네이루와 함께 세계 3대 미항으로 꼽히는 도시다. 솔직히 도시 자체는 기대만큼 아름답게 느껴지지 않았지만, 이곳의 고고학 박물관에서 폼페이의 유물들을 많이 찾아볼 수 있었다. 특히 당시의 조각상이나 모자이크 등은 천 년 넘게 화산재 속에 묻혀 있다가 발굴된 탓에 보존 상태가 아주 뛰어난데, 그 섬세함과 정교함은 요즘의 우리가 봐도 입이 떡 벌어질 정도다. 뿐만 아니라 도시 전체를 거미줄처럼 가로지르는 포장도로와 완벽한 상하수도 시설까지 갖추어져 있었다고 한다.

〈사진 2-4〉 **폼페이**

서기 79년이면 우리나라에서는 대충 고조선이 망하고 삼국시대가 막 태동하기 시작했을 무렵이다. 우리나라에 포장도로가 처음으로 생긴 것이 1930년대라고 하는데, 자그마치 2천 년 전에 만들어진 도로가 아직까지도 멀쩡하게 제 기능을 하고 있는 것만 봐도 고대 로마의 문명이 어느 정도 수준이었는지 미루어 짐작할 수 있다.

지금도 지중해 연안은 가끔씩 지진과 화산 폭발이 일어난다. 유라시아 대륙과 아프리카 대륙이 서로 접근하는 경계 지역이기 때문이다. 앞으로 긴 시간이 지나면 지중해는 사라지고 그 자리에 알프스와 같은 산맥이 생길 것이다. 그때까지 인류가 살아남는다는 보장도 없지만, 만약 살아남는다면 베수비오 화산의 폭발과는 비교조차 할 수 없는 거대한 지각 변동을 목격하게 될 것이다. 설령 그렇더라도 그 지역에 사는 사람들은 지진과 화산을 나와 조상의 죗값으로 받아들이기보다, 살아 있는 지구의 한 모습으로 이해하고 미리 대처한다면 피해를 최소화할 수 있지 않을까 하는 부질없는 생각을 잠시 해본다.

2

하얀 절벽

이쯤에서 간단한 지구과학 퀴즈를 하나 풀어보자. 다음 중 지구에서 가장 부피를 많이 차지하는 것은 무엇일까? ① 공기 ② 물 ③ 암석

내가 아는 대부분의 비전공자들은 이 질문에 '① 공기'를 정답으로 꼽는다. 과연 그런지, 간단한 계산을 해보면 금방 알 수 있다. 지구의 반지름은 약 6,400킬로미터이고 그 속은 대부분 암석으로 이루어져 있다. 바다는 평균 깊이가 4킬로미터이며 지구 표면적의 약 70퍼센트를 차지한다. 마지막으로 지구 대기는 99.9퍼센트가 100킬로미터 아래에 존재한다. 이 100킬로미터 지점을 카르만 라인(Karman Line)이라고 부르는데, 일반적으로 이 선을 지구 대기와 우주 공간의 경계로 보고 있다. 이를 바탕으로 부피를 계산해 보면 암석을 1이라 했을 때 바다는 0.00131, 대기는 0.04767이다. 다시 말하면 지구에서 암석이 차지하는 부피는 바다의 약 760배, 대기의 약 21배 정도 더 크다. 물론 대기는 갑자기 없어지는 것이 아

니기 때문에 그 경계를 정확하게 긋기는 어렵다. 실제로 오로라 현상이 나타나는 열권을 포함하여 외기권까지 포함시키면 1,000㎞에 이른다. 그렇게 하더라도 암석의 부피가 2배는 더 크다. 아무튼 위 문제의 정답은 3번, 즉 지구는 암석으로 이루어진 행성이라고 할 수 있다.

우리가 발붙이고 사는 지구를 조금 더 잘 알기 위해서는 무엇보다도 암석, 즉 돌과 친해져야 한다는 뜻이다. 주위에서 흔히 보는 풀이나 꽃의 이름, 꽃말, 거기에 얽힌 신화와 전설 등을 줄줄 꿰고 있는 사람들을 만나면 굉장히 멋있고 존경스러워 보이듯이, 발부리에 차이는 흔하디흔한 돌멩이의 이름과 종류를 분간할 줄 아는 것도 나름 낭만적이지 않을까?

암석의 종류

우선 지구에 분포하는 암석의 종류가 어느 정도나 되는지 살펴보자. 엄밀히 말하면 똑같은 사람은 하나도 없듯이 똑같은 암석 역시 하나도 없다고 해야 한다. 그러나 생성 과정에 따라 크게 나누면 화성암, 퇴적암, 변성암 등 세 종류로 구분된다는 정도는 기억해 둘 필요가 있다. 즉, 마그마가 식어서 생성된 모든 암석은 화성암이고, 기존의 암석이 풍화/침식을 받은 후 다시 쌓여서 된 암석은 퇴적암, 그리고 기존의 암석이 온도와 압력에 의해 암석을 구성하고 있는 광물의 성분이나 조직이 변한 암석을 변성암이라 한다. 이들은 서로 환경의 변화에 따라 끊임없이 순환하고 있다.

화성암은 다시 그 성분과 생성 깊이에 따라 화강암, 섬록암, 안산암, 현무암 등의 여러 암석으로 분류되고 퇴적암도 그 입자의 크기에 따라 역암, 사암, 이암 등으로 분류되며 석회암과 같이 화학적으로 침전되거나 생물들의 유해가 쌓여서 생성된 퇴적암도 있다. 변성암은 기존의 화성암과 퇴적암을 구성하는 광물의 종류와 온도, 압력의 정도에 따라 편마암, 편암, 규암, 대리암 등으로 다양하게 세분된다.

너무 복잡해서 못 외우겠다고? 수능 시험 응시생이 아니면 그걸 다 외울 필요는 없다. 한 가지, 어느 암석을 막론하고 모든 암석은 광물로 이루어져 있다는 사실이 중요하다. 다시 말해 암석은 광물의 집합체인데 지금까지 발견된 광물은 약 5,000종에 달하지만 대부분의 암석을 이루는 광물은 10여 종에 지나지 않는다. 이것을 주요 조암(造岩) 광물이라 부르는데 감람석, 휘석, 각섬석, 흑운모, 사장석, 정장석, 석영 그리고 방해석 등이다. 우리 주변에서 흔히 볼 수 있는 대부분의 암석들은 이 같은 광물들의 조합으로 이루어져 있다고 보면 된다.

그렇다면 광물은 또 무엇일까? 광물은 하나 또는 둘 이상의 원소들의 화합물이다. 지금까지 알려진 원소는 100여 개가 되지만 지각을 이루는 암석의 광물을 만드는데 사용된 원소의 98%는 산소(O) > 규소(Si) > 알루미늄(Al) > 철(Fe) > 칼슘(Ca) > 나트륨(Na) > 칼륨(K) > 마그네슘(Mg) 순으로 이를 지각을 이루는 8대 원소라 부른다. 정리하자면 지구는 대부분 암석으로 되어 있고 그 암석은 광물로 이루어져 있으며 이 광물은 원소들의 화합물이다.

내 사랑, 백악

이렇게 수많은 돌들 가운데 내가 특별히 좋아하는 암석이 하나 있으니, 그것이 바로 백악이다. 백악이란 석회암의 일종으로, 주로 방해석이라는 광물과 석회질의 미생물이 섞여 있어 색깔이 희다. 분필의 재료가 되는 바로 그 돌이다.

내가 이 돌을 좋아하는 이유는 내 박사 학위 논문의 주제가 경상 분지의 백악(기) 지층과 관련된 것이기 때문인데, 안타깝게도 우리나라에는 백악 지층을 직접 볼 수 있는 곳이 없다. 그러나 이 백악 지층을 맨눈으로 훤히 볼 수 있는 곳이 있으니, 영국과 프랑스 사이에 가로놓인 도버 해협의 양쪽 해안이 바로 이 백악 절벽으로 이루어져 있다. 오래전 대학을 갓 졸업한 나는 어느 날 갑자기 옷가지 몇 점을 꾸리고 친구들에게 돈을 빌려 유럽 배낭여행에 나선 적이 있다. 그때만 해도 배낭여행이라는 용어조차 일반화되지 않았던 시절이라, 내가 혼자 여행을 떠난다고 하자 친구들이 다들 죽으러 가는 사람 전송하는 표정으로 나를 바라보던 기억이 난다.

아무튼 그때 네덜란드에서 야간 버스를 타고 영국으로 건너갔는데, 도버 해협을 건너갈 때는 모두가 버스에서 내려 배안에서 하룻밤을 지내고 다음 날 국경을 통과해서 입국 심사를 받은 후 다시 탑승하게 되어 있었다. 다음 날 새벽에 입국 심사를 마치고 타고 온

〈사진 2-5〉 **도버 해협의 백악**

버스를 기다리고 있던 중, 조금 떨어진 주유소 뒤편에 하얀 절벽이
보였다. 한달음에 달려가 보니, 그것이 바로 백악 노두(지표로 노출된
암석)였다. 그렇게 보고 싶었던 백악을 눈앞에서 마주한 감격에 한
동안 정신줄을 놓고 있다 보니, 내가 타고 온 버스가 출발을 못하
고 모든 승객이 뿔뿔이 흩어져 영어도 제대로 못하는 동양인 청년

을 찾아 주위를 헤매고 있었다.

그랬던 도버 해협의 백악 절벽을 20여 년 만에 다시 찾으니 실로 감개가 무량했다. 그 사이에 새파란 청년이던 나는 귀밑머리가 희끗희끗한 중년의 아저씨가 되었건만, 하얀 속살을 드러낸 백악 절벽은 조금도 변화가 없었다. 그도 그럴 것이 이 백악이 생긴 백악기는 1억 4천5백만 년부터 6천5백만 년 전이니, 20년 정도는 저 드넓은 백사장의 모래 알갱이 하나보다도 작은 세월일 것이다.

중생대의 말기에 해당하는 이 백악기는 지구의 역사 전체를 통틀어 가장 흥미진진한 시기 가운데 하나로 꼽힌다. 중생대의 중기인 쥐라기와 신생대 초기 사이에 낀 백악기는 지금도 우리의 상상력을 유감없이 자극하는 이른바 K-T 대멸종(중생대 말에 일어난 대량 멸종 사건)이 일어난 시기이기 때문이다. 이 시기에 공룡을 비롯한 육상 생물의 75퍼센트가 지구상에서 사라진 것으로 알려져 있다.

튀긴 쥐포 백 마리

K-T 대멸종을 이야기하기 전에 지구 역사의 시대 구분을 잠시 살펴보고 넘어가자. 중생대니 신생대니, 쥐라기니 트라이아스기니 워낙 이름도 많고 복잡해 일반 독자들은 헷갈리기 쉬우니 이참에 한 번 정리를 해둔다고 생각하면 좋을 것이다.

우선 지구의 역사는 크게 은생이언과 현생이언으로 나뉜다. 은생이언은 영어의 Cryptozoic Eon을 번역한 말이다. cryptozoic은 '은

생(隱生)’이라는 한자어에서 짐작할 수 있듯 원래 동굴이나 돌 밑에 숨어서 사는 생물을 뜻하고, ‘이언’은 겉보기와 달리 한자어가 아니라 영어의 Eon을 그대로 읽은 표기에 해당한다(우리 말로 바꿔 ‘누대’로 부르기도 한다). eon은 일반적으로 ‘영원히 긴 시간’을 뜻하는 단어지만, 지질학의 시대 구분에서 제일 큰 단위이기도 하다. 그 다음이 ‘대(era)’, 그 다음은 ‘기(period)’, 마지막으로 제일 짧은 단위를 ‘세(epoch)’라고 부른다.

은생이언은 흔히 선캄브리아대라고도 한다. 이 요상하게 생긴 단어를 인수분해(?)하면 선(先) + 캄브리아(Cambria) + 대(代)가 된다. 다시 말해 현생이언의 첫 번째 시기인 캄브리아기에 앞선 시대를 의미하기 때문에 결과적으로 은생이언과 같은 뜻이 되는 셈이다. 장황하게 설명을 하기는 했는데, 정작 이 시대는 남아 있는 화석이 거의 없고 딱히 기억에 담아둘 만한 사건도 별로 없다.

지질 시대를 인류의 역사에 비유하자면 은생이언은 문자(화석)에 의한 기록이 없는 선사시대, 현생이언은 기록이 남아 있는 역사시대에 해당한다. 물론 은생이언 이전에도 지구는 존재했지만, 지구가 처음 탄생한 46억 년 전부터 은생이언이 시작된 40억 년 전까지는 지각이 생겨나고 대기와 바다가 만들어지는 등 지구의 기본 틀이 형성되던 시기였다. 그때부터 지금과 같은 인류가 나타나 흔적을 남기기 시작한 1만 년 전까지를 흔히 지질 시대(geologic era)라고 부른다. 지질 시대 가운데 은생이언이 차지하는 비중은 86퍼센트에 이른다.

현생이언은 고생대와 중생대, 신생대로 나뉘고 고생대의 서막을 여는 것이 바로 캄브리아기다. 캄브리아는 웨일스의 옛 이름인데, 이 지역에서 발견된 화석 생물들을 공통적으로 찾아볼 수 있는 지층을 캄브리아 지층이라 하고 그 시대를 캄브리아기라고 한다.

캄브리아 지층은 전 세계적으로 널리 분포되어 있으며 우리나라에도 삼척-영월 지역과 단양 지역에 많이 분포한다. 아무튼 현생이언의 고생대는 캄브리아기를 시작으로 오르도비스기, 실루리아기, 데본기를 이어 석탄기와 페름기에서 막을 내리고 중생대는 다시 트라이아스기와 쥐라기, 백악기로 이어진다. 우리에게는 소설과 영화 덕분에 '쥐라기'가 눈에 익은데, 사실 〈쥐라기 공원〉에 나오는 공룡들은 백악기에 전성기를 누리다가 앞서 말한 K-T 대멸종 때 지구상에서 사라지고 역사는 신생대로 넘어오게 된다.

고생대와 중생대, 신생대의 구분은 이름에서 보듯 생물의 종류를 기준으로 삼았는데 마치 우리나라 역사를 삼국시대, 고려시대, 조선시대로 구분하는 것과 비슷하다. 그런데 고려시대에서 조선시대로 바뀌는 과정에서 이성계의 위화도 회군이라는 큰 정변이 있었듯이, 각 지질 시대 사이에는 대규모의 지각 변동이 있었다. 이런 지각 변동은 환경의 변화를 가져오고, 변화된 환경에 적응하지 못한 생물이 멸종하고 새로운 생물이 등장하는 것이 일반적인 생물의 진화 과정이다.

사실 나는 이런 지질 시대의 구분에 대해서는 굉장히 불만이 많은 사람 가운데 하나다. 자료마다 연대가 다 다른 것은 워낙 오래전 일이고 지금도 수시로 새로운 발견들이 이루어지고 있어 학자들 사이에 이론이 통일되지 않은 탓이라 하더라도, 각 시대의 이름에

일관성이 없어도 너무 없다. 예를 들어 캄브리아와 데본은 영국의 지명에서 따왔고, 오르비도스와 실루리아는 영국의 종족 이름이며, 페름은 러시아의 도시 이름에서 비롯되었다. 쥐라기의 쥐라(Jura)는 유럽의 산맥 이름이고, 트라이아스의 '트라이'는 3을 뜻하는 독일어다. 그런가 하면 석탄기와 백악기는 해당 지층에 각각 석탄과 백악이 많이 묻혀 있다는 이유로 그런 이름이 붙었다. 심지어 신생대는 1기, 2기는 온데간데없고 난데없이 3기, 4기로 구분된다. 한 마디로 시험 준비하는 학생들 골탕 먹이기에 딱 좋은 이름들이다.

그렇다고 힘없는 내가 세계 지질학계를 상대로 지질 시대 이름 좀 어떻게 해보라고 하소연할 수도 없는 노릇이고, 일반인들이 이 이름과 순서를 정확하게 외울 필요도 없다. 정 아쉬운 분들은 고생대는 '캄 오실 데 석페', 중생대는 '튀긴 쥐포 백 마리' 하는 식으로 첫 글자만 가지고 문장을 만들어두면 한결 외우기가 편하다.

이왕이면 각 시대의 이름과 연대, 대표적인 생물과 특기할 만한 사건까지 기억에 담아두면 더할 나위가 없지만, 적어도 지금의 우리가 기나긴 지구의 역사에서 어느 정도의 지점에 서 있는가 정도는 짚고 넘어가야 한다.

그러기 위해서 그림과 같이 지구의 역사를 볼펜 한 자루의 길이나, 양팔을 쭉 뻗었을 때의 신체 부위에 대입하기도 한다. 어느 쪽이든 인간의 역사는 실로 보잘 것이 없어서, 양팔을 뻗었을 때 손톱 끝을 깎아 버리면 같이 잘려 나갈 형편이다.

또한 지구의 역사 46억 년을 1년으로 압축해 보는 방법도 있다. 지구가 탄생한 46억 년 전을 1월 1일 0시라고 했을 때, 최초의 생명

은 한 달 보름이 지날 무렵에 탄생한 것으로 보이지만 본격적으로
바다와 육지에서 생물이 급격하게 번성하기 시작한 시기는 한참을
지난 11월 17일 자정 무렵이다. 공룡은 12월 12일에 나타나서 보름
정도 살다가 12월 26일에 멸종했으며, 인류의 출현 시기를 최대한
길게(700만 년 전) 보더라도 그 탄생은 지금으로부터 불과 13시간 20
분 전에 지나지 않는다.

인류 출현 : 신생대 제3기 마이오세, 700만 년 전

공룡, 암모나이트 멸종 : K/T 경계, 6550만 년 전

가장 오래된 영장류 : 후기백악기, 6600만 년 전

가장 오래된 꽃식물 : 전기백악기, 1억 2460만 년 전
가장 오래된 조류, 시조새 : 후기쥐라기, 1억 500만 년 전

신생대
(6600만 년 전~현재)

중생대
(2억 5100만 년 전~6600만 년 전)

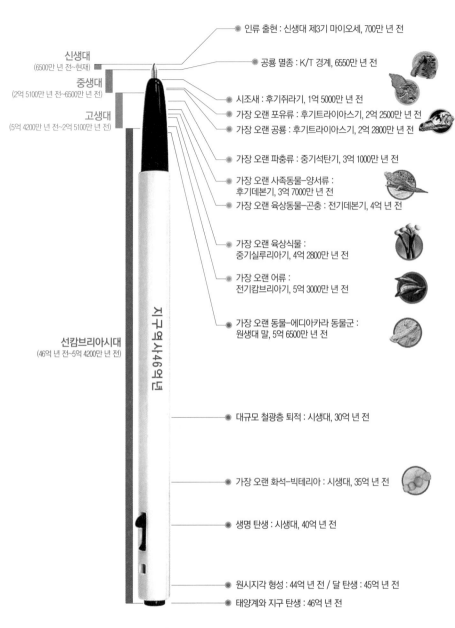

인류 출현 : 신생대 제3기 마이오세, 700만 년 전

신생대
(6500만 년 전~현재)

공룡 멸종 : K/T 경계, 6550만 년 전

중생대
(2억 5100만 년 전~6500만 년 전)

시조새 : 후기쥐라기, 1억 5000만 년 전
가장 오랜 포유류 : 후기트라이아스기, 2억 2500만 년 전
가장 오랜 공룡 : 후기트라이아스기, 2억 2800만 년 전

고생대
(5억 4200만 년 전~2억 5100만 년 전)

가장 오랜 파충류 : 중기석탄기, 3억 1000만 년 전

가장 오랜 사족동물-양서류 :
후기데본기, 3억 7000만 년 전
가장 오랜 육상동물-곤충 : 전기데본기, 4억 년 전

가장 오랜 육상식물 :
중기실루리아기, 4억 2800만 년 전

가장 오랜 어류 :
전기캄브리아기, 5억 3000만 년 전

가장 오랜 동물-에디아카라 동물군 :
원생대 말, 5억 6500만 년 전

선캄브리아시대
(46억 년 전~5억 4200만 년 전)

지구역사46억년

대규모 철광층 퇴적 : 시생대, 30억 년 전

가장 오랜 화석-박테리아 : 시생대, 35억 년 전

생명 탄생 : 시생대, 40억 년 전

원시지각 형성 : 44억 년 전 / 달 탄생 : 45억 년 전
태양계와 지구 탄생 : 46억 년 전

〈그림 2-1〉 **지질시대의 상대적 길이와 주요 사건**

(지구의 어제와 오늘을 한 눈에, 지질박물관 / 신홍자 권석기 이항재 / 2006년 5월 / 10, 11p / 한국지질자원연구원)

그리니치 천문대

지구본을 보면 선이 여럿 그어져 있다. 가장 대표적인 것이 적도 인데, 이것이 남극이나 북극과의 거리가 같고 남반구와 북반 구를 나누는 기준이 되는 가상의 선이라는 사실은 누구나 안다. 위

〈그림 2-2〉 **지구본**

도와 경도(엄밀히 말해 위도와 경도는 '각도'를 나타내는 개념이고 실제로 지구본에 그어진 선은 위선, 경선이라고 해야 옳다)에 대해서도 대충은 안다고 생각한다. 그밖에도 지구본에는 날짜변경선이 있고, 북극권과 남극권을 표시한 선도 있다. 거기다. 자오선과 본초자오선, 북회귀선과 남회귀선 이야기까지 나오면 학창 시절에 지구과학 공부를 웬만큼 열심히 하지 않은 사람들은 슬슬 머리에 쥐가 나기 시작한다.

물론 지구상에 실제로 이런 선들이 그어져 있는 것은 아니고, 어디까지나 사람들이 필요에 따라 임의로 그어 놓은 선들에 불과하다. 그러나 위에 말한 여러 가지 선들 중에는 지구상에 진짜 있는 선이 하나 있다. 영국 그리니치 천문대에 있는 본초자오선이다. 우리 가족이 도버 해협을 건너 영국에 도착하자마자 제일 먼저 백악을 확인한 뒤, 바로 그리니치로 달려간 이유가 바로 이 본초자오선 위에 직접 서보기 위해서였다.

사실 그리니치는 일반적인 의미에서 관광지로 이름을 날릴 만한 곳은 아니다. 우리나라로 치면 과천 정도에 해당하는 런던 외곽의 조그만 위성 도시일 뿐, 세련되고 화려한 도회지도 아니고 특별히 자연 풍광이 아름다운 시골 마을도 아니다. 또한 '그리니치 천문대'라는 이름과는 달리 진짜 천문대는 이미 오래전에 광공해를 피해 다른 곳으로 옮겨가 버린 것에서 알 수 있듯, 지금은 별을 관측하기에 그리 적당한 입지도 아니다. 그저 야트막한 구릉 위에 유럽의 관점에서는 그리 오래되지도, 그렇다고 딱히 현대적이지도 않은, 적당히 고색창연한 건물 몇 동이 서 있을 뿐이다. 그럼에도 불구하고 이 그리니치 천문대가 수많은 사람들의 발길을 잡아끄는 이유는, 이곳이 바로 지구라는 행성의 시간과 공간의 기준점이 되는 곳이기 때문이다.

〈사진 2-6〉 **그리니치 천문대**

1. 그리니치 박물관   2. 세계 표준시
3. 플라네타리움   4. 천문대에서 내려다 보이는 런던 시내, 가까이 있는 것이 런던국립해양박물관이다.

본초자오선

그리니치 천문대를 찾는 모든 사람들이 한번쯤 카메라 앞에서 포즈를 잡는 곳이 바로 본초자오선이다. 자오선의 자(子)는 12간지의 첫 번째, 오(午)는 일곱 번째 글자를 딴 것이다. 시간으로 따지면 자는 0시, 오는 12시에 해당하며 방향으로 따질 경우 자는 북쪽, 오는 남쪽을 가리킨다. 따라서 자오선이라 하면 북극과 남극을 잇는 선을 의미한다.

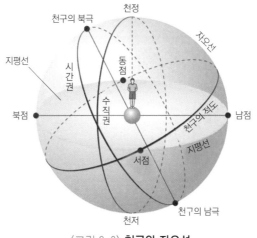

〈그림 2-3〉 **천구와 자오선**

그런데 그냥 북극과 남극을 지나는 선(시간권)이라고 하면 관측자가 있는 곳에서 여러 개를 그릴 수 있다. 그 중에서도 천정(관측자의 머리 꼭대기가 하늘과 맞닿은 점)과 천저(천정의 반대편)를 동시에 지나는 선은 하나뿐인데 이를 자오선이라고 한다. 즉 북쪽과 남쪽을 연결한 선 중에서 하늘 가장 높은 곳을 지나는 대원을 말하는데, 사람이 서 있는 곳마다 다르다. 그래서 지구에는 무수히 많은 자오선이 있으나 편의상 같은 나라 또는 지역에 사는 사람끼리는 하나의 자오선을 정해 사용하고 있다.

그런데 이 선들이 의미를 가지기 위해서는 그중에서 기준이 되는 선을 하나 정해야 한다. 그래야 그 기준선에서 내가 얼마나 떨어져 있는지를 표시할 수 있기 때문이다. 이렇게 기준이 되는 자오선을 '본초(本初)자오선'이라 하는데, 예전에는 각 나라마다 서로 자기 나라를 지나는 자오선을 기준으로 삼아야 한다고 주장하는 바람에 커다란 혼선이 빚어졌다. 그러다가 1884년에 25개 국가의 관계자들이 모여 회의를 한 끝에 영국 그리니치 천문대를 지나는 자오선을 '본초'로 삼기로 합의했다. 이 선을 경도 0도로 삼아 동쪽으로는 동경, 서쪽으로는 서경으로 표시한다. 참고로 서울은 동경 127도에 해당하고, 정확하게 이 경도에 자리한 시설물로 서울대학병원과 반포대교 남단이 꼽힌다. 그런데 지구가 둥글다 보니 동경 127도는 서경 233도로 표시할 수도 있고, 동경 180도와 서경 180도는 결국 같은 선이 된다. 이 선을 특별히 날짜 변경선이라고 하는데, 여기에 대해서는 조금 있다 다시 살펴보기로 하자.

경도와 위도

그렇다면 경도를 가지고 거리를 알 수 있을까? 안타깝게도 서울이 동경 127도에 위치한다는 사실만으로 그리니치와 거리가 얼마나 떨어져 있는지는 아무리 수학의 천재라도 알 수가 없다. 왜냐? 이것 역시 지구가 둥글기 때문이다. 무슨 말인가 하니…… 적도에서 지구의 둘레를 재면 4만 킬로미터가 조금 넘는다. 4만 킬로미터를 360도로 나누면 약 111킬로미터가 나온다. 적도에서는 경도 1도

가 111킬로미터에 해당한다는 뜻이다. 그러나 지구의 둘레는 적도
에서 아래위로 멀어질수록 점점 줄어들어서 완전히 남극이나 북극
에 도달하면 0이 되어 버린다. 따라서 경도 1도의 거리가 얼마나 되
느냐라는 문제는 그 지점이 적도에서 얼마나 떨어져 있느냐, 즉 위
도가 얼마냐에 따라 그때그때 달라진다.

그렇다면 위도는 정확히 무엇을 의미할까? 국어사전에는 '적도
에 평행하게 가로로 된, 지구 위의 위치를 나타내는 좌표' 라고 되

〈사진 2-7〉 **본초자오선**

[조형물에서 바닥을 지나 건물의 벽에 경계선이 표시되어 있다.
건물 벽의 왼편, 조형물과 바닥의 오른편(왼팔, Seoul 표시)이 동경이다.]

어 있다. 다시 말해 적도를 0도라고 하면 남극과 북극이 각각 90도가 되고, 적도에서 북쪽으로 올라가면 북위, 남쪽으로 내려가면 남위가 된다.

재미있는 것은 북반구에서는 이 위도가 곧 북극성의 고도와 일치한다는 점이다. '고도'는 일상생활에서는 '높이'를 말하지만 천문학에서는 '지구의 어느 지점에서 어떤 천체를 바라볼 때 지평선과 그 천체 사이의 각도'를 말한다. 즉 지평선에 걸쳐 있는 천체는 고도가 0도이고, 머리 꼭대기에 있는 천체는 고도 90도가 된다.

북극, 즉 북위 90도에서는 북극성이 지표면과 수직선상, 우리가 올려다본 하늘 한복판에 보인다. 적도, 즉 북위 0도에서의 북극성은 이론상으로 지표면의 수평선상에 위치하고, 더 남쪽으로 내려가면 수평선 아래로 내려가 보이지 않는다. 한편 북극성은 태양과 마찬가지로 동쪽에서 떠서 서쪽으로 지는 다른 별들과는 달리 밤새도록 (사실은 하루 종일) 위치가 (거의) 바뀌지 않는 유일한 별이다.

얼핏 생각하면 북극성이라는 별이 지구와 무슨 특별한 관계가 있어서 이런 신기한 현상이 나타날까 싶지만, 사실은 밤하늘의 수많은 별들 가운데 우연히 지구 자전축의 연장선상에 자리한 별을 정해 북극성이라는 이름을 붙였기 때문일 뿐이다. 그래서 오랜 세월이 지나면 북극성이 다른 별로 바뀐다. 지금도 북극성은 지구 자전축과 정확하게 90도가 아니라 1도 남짓 벌어져 있고, 세차운동 때문에 그 각도는 점점 더 벌어진다. 그래서 앞으로 1만3천 년이 지나면 지금 우리가 거문고자리 알파, 즉 직녀성이라고 부르는 별이 북극성이라는 이름을 물려받게 된다.

세차운동을 이해하기 위해서는 팽이를 연상하면 쉽다. 팽이의 축이 완전히 90도를 이루어 돌아갈 때는 문제가 없지만, 축이 조금이라도 기울어져 있을 경우, 그 축의 움직임을 그림으로 그리면 원뿔 모양이 된다. 축이 많이 기울어질수록 원뿔의 너비가 점점 넓어지다가 어느 순간이 되면 팽이는 더 이상 돌지 못하고 쓰러진다. 지구 역시 자전축이 23.5도 기울어져 돌아가는 팽이와 같다. 이렇게 지구의 자전축이 약 2만6천 년을 주기로 작은 원을 그리며 회전하는 현상을 세차운동이라 한다.

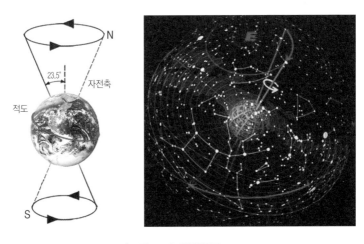

〈그림 2-4〉 **세차운동**

다시 북극성과 위도 이야기로 돌아가서, 북극성의 고도와 위도가 동일하다는 것은 곧 밤하늘의 북극성을 찾을 수 있으면 현재 위치의 위도를 알 수 있다는 뜻이다. 서울의 위도가 37도 남짓이니, 서울에서 북극성을 찾으려면 하늘 한복판이 아니라 북쪽을 향해 서서 37도만큼 올려보며 찾아야 한다.

요즘은 스마트폰이나 컴퓨터로 지도를 열고 특정한 지점을 찍으면 위도와 경도가 분, 초 단위까지 찍혀 나오지만 옛날에 GPS가 없던 시절에는 어떻게 위도와 경도를 알아냈을까? 위도와 경도를 아는 게 왜 중요하냐 하면, 어떤 이들에게는 그것이 말 그대로 목숨이 달린 문제였기 때문이다.

우리는 모르는 곳을 처음 찾아갈 때 주소를 물어본다. 주소를 알고 지도가 있으면 어지간한 길치가 아닌 다음에는 대충 찾아갈 수 있다. 그러나 우리가 찾아가야 할 곳이 바다 한복판이라면 어떨까? 바다 위에 주소가 있을 리 없다. 이럴 때 주소가 없어도 좌표를 알면 정확하게 해당 지점을 찾아갈 수 있는데, 지구 표면상에서 그런 좌표 역할을 하는 것이 바로 위도와 경도다. 다시 말해 태평양 한복판에서도 위도와 경도를 알면 적어도 자신의 현재 위치를 몰라 표류하는 일은 생기지 않는다.

마침 나는 지금 이 글을 2016년 10월 10일 월요일에 쓰고 있다. 미국 대부분의 지역에서는 해마다 10월의 둘째 월요일이 법정 공휴일인데 이름하여 '콜럼버스 데이', 즉 크리스토퍼 콜럼버스가 아메리카 대륙을 처음 발견한 날을 기리는 날이다. 정확한 날짜는 1492년 10월 12일인데, 어떻게든 황금연휴를 만들고 싶은 미국인들의 실용주의 때문에 날짜 대신 요일이 10월 둘째 주로 고정되었다.

정작 아메리카 본토는 밟아 보지도 못했을뿐더러 죽을 때까지 자신이 발견한 땅이 아시아 어디쯤인 줄로만 알았던, 거기다 오로지 자신의 야심을 위해 수많은 원주민들을 죽음으로 내몬 콜럼버스의 행적을 기릴 필요가 있느냐 없느냐를 내가 판단할 문제는 아니다. 단 요즘 들어 미국에서도 '콜럼버스 데이'를 '원주민의 날'로 대체하는 자치 단체가 점점 늘어나고 있다는 사실은 다행스러운 일이다.

이야기가 조금 옆길로 새는 느낌인데, 콜럼버스가 살아서 아메리카 대륙에 도착한 것은 거의 기적과도 같은 일이다. 왜냐하면 콜럼버스는 지구의 크기(정확하게는 둘레)를 잘못 파악한 나머지, 유럽의 스페인에서 아시아의 인도까지가 '바람만 잘 불어주면(!)' 불과 며칠 만에 도달할 수 있는 거리라고 믿었다. 하지만 두 달이 넘게 항해를 계속해도 육지가 나오지 않자, 그가 데려간 선원들이 술렁이기 시작했다. (게다가 그 선원들의 대부분은 죄수들이었다.) 선상 반란의 조짐이 점점 무르익자, 위기의식을 느낀 콜럼버스는 될 대로 되라는 심정에서 "앞으로 사흘 뒤까지 육지가 나타나지 않으면 내 목을 쳐라."라는 최후통첩을 날렸다. 그로부터 이틀 후, 그야말로 기적적으로 육지가 나타났고, 덕분에 콜럼버스는 목숨을 건졌다.

육지에서는 이미 알고 있는 지형지물을 기준으로 삼아 비교적 쉽게 위도를 파악할 수 있다. 바다에서도 육분의 같은 도구를 이용해 별의 각도를 재는 등의 방법으로 위도를 알 수 있다. 그러나 경도의 경우는 이야기가 다르다. 실제로 콜럼버스가 대서양을 건넜던 15세기는 물론이고, 18세기까지도 경도를 알아내는 방법이 확립되지 않아 영국 같은 나라에서는 현상금까지 내걸었다.

내로라하는 천문학자들이 별의 움직임을 통해 경도를 파악하는 방법을 찾으려고 혈안이 되어 있던 시절, 마침내 존 해리슨(John Harrison, 1693~1776)이라는 무명의 시계공이 크로노미터라는 장비를 만들어 이 문제를 해결했다. 이름만 보면 무슨 엄청난 장비인 것 같지만, 사실 크로노미터는 정교한 시계에 불과하다.

시계를 가지고 경도를 알 수 있다고? 원리는 이렇다. 하루는 지구가 한 바퀴 자전하는데 걸리는 시간이다. 다시 말해 지구가 360도 회전하는 시간을 스물넷으로 쪼개 놓은 것이 우리가 쓰고 있는 시간의 개념이다. 360도를 회전하는데 24시간이 걸린다는 말은 한 시간에 지구가 15도만큼 회전한다는 뜻이다. 자, 이제 배 위에 정밀한 시계를 두 개 준비한다. 하나는 런던 표준시에 맞추고 또 하나는 현지의 시간에 맞춘다. 그러면 그 두 시계의 시차를 가지고 내가 이동한 각도를 계산할 수 있다.

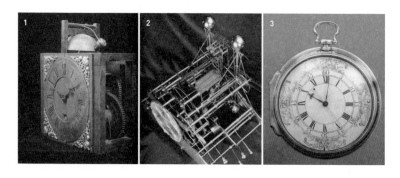

〈사진 2-8〉 **해리슨의 해상 시계**

1. 처음 만든 괘종시계   2. 첫 항해시계   3. 네 번째 해상시계
(출처-http://m.blog.naver.com/rbooraza/120146729422/)

예를 들면 항해하고 있는 배에서 현지 시계가 12시를 가리킬 때 런던 시계가 16시를 가리키고 있다면 두 지역 사이에는 4시간의 차이가 난다. 이는 그리니치의 본초자오선에서 60도 떨어져 있다는

의미이다. 그런데 시간은 본초자오선을 기준으로 동쪽으로 갈수록 빠르고, 서쪽으로 갈수록 느리기 때문에 현재의 위치는 서경 60도가 되는 것이다. 물론 현지 시계는 태양이 남중할 때(12시)를 기준으로 수시로 맞추어야 한다.

이것이 얼마나 중요한 의미를 가지느냐고? 제일 먼저 경도를 계산하는 방법을 알아낸 영국이 조그만 섬나라 주제에 '해가 지지 않는 나라'가 되어 한동안 전 세계를 호령했다는 사실을 생각해보라.

북회귀선, 남회귀선

다음으로 회귀선에 대해 알아보자. '북회귀선' 하면 '야설(?)'로 유명한 헨리 밀러(Henry Valentine Miller, 1891~1980)의 소설이 먼저 떠오르는데, 이름부터가 야릇하다. '회귀'라면 '돌아온다'는 뜻인데 무엇이, 어디서, 어디로 돌아온다는 말일까? 영어로는 더 괴상하다. 북회귀선을 영어로 Tropic of Cancer라고 한다. 사전을 보면 tropic은 '회귀선'이라고 되어 있고, cancer라면 차마 입에 담고 싶지도 않은 그 무시무시한 질병……? 남회귀선은 Tropic of Capricorn다.

여기서 Cancer와 Capricorn은 각각 '게자리'와 '염소자리'를 뜻하는 별자리 이름이다. 북회귀선은 태양이 게자리로 돌아오는 선이고, 남회귀선은 태양이 염소자리로 돌아오는 선이다. 그래도 의문은 남는다. 태양이 어디를 갔다가 돌아오는 것일까?

우리는 흔히 '해가 중천에 떴다'는 말을 한다. 중천(中天), 말 그대로 하늘 한복판이라는 뜻이다. 하지만 유감스럽게도 우리나라에서는 죽었다 깨어나도 해가 중천에 뜨지 않는다. 해가 중천에 떴다는 말은 곧 해가 내 머리 위에 수직으로 떠있다는 뜻이고, 따라서 그림자가 하나도 생기지 않아야 한다. 우리나라에서 그런 현상을 보신 적 있으신 분?

그러나 적도에서라면 이야기가 달라진다. 정말로 해가 중천에 떠서 그림자가 없어지는 현상을 볼 수 있다. 적도뿐만 아니라 일정한 위도 사이에서는 그런 일이 벌어진다. 적도를 가운데 두고 북쪽으로 23.5도, 남쪽으로 23.5도 안쪽에서는 해가 중천에 뜬다. 이 북위 23.5도를 북회귀선, 남위 23.5도를 남회귀선이라고 한다. 23.5도. 어디서 많이 들어본 숫자다. 지구본을 보면 지구가 똑바로 서 있지 않고 비스듬히 꽂혀 있다. 그 비스듬한 각도, 즉 지축의 기울기가 바로 23.5도다.

아직도 왜 '회귀'라는 단어가 들어가는지 모르겠다고? 춘분날에는 적도상에서 해가 중천에 뜬다. 하루하루 지나면 해가 중천에 뜨는 지점이 점점 위로 올라간다. 그래서 약 석 달 후 하지가 되면 해는 북위 23.5도, 즉 북회귀선에서 중천에 뜬다. 하지가 지나면 해는 계속해서 올라가지 않고 방향을 바꾸어 다시 내려가기 시작한다. 그래서 추분이 되면 적도로 돌아가고, 동짓날에 남위 23.5도, 즉 남회귀선을 찍고 다시 올라온다. 다시 말해 남/북 회귀선 바깥의 지역에서는 일 년 내내 단 하루도 해가 중천에 뜨지 않는다. 이 모든 것이 지구의 공전궤도면에 대해 자전축이 기울어져 있기 때문에 나타나는 현상이다.

그렇다면 영어의 게자리와 염소자리는 어디서 나온 것일까? 이 말을 이해하기 위해서는 먼저 '황도 12궁'이라는 것을 알아야 한다. 우선 황도(黃道)라는 것은 '태양이 지나다니는 길'을 의미한다. 사실 우리는 천동설이 아니라 지동설이 옳다는 것을 알고 있다. 따라서 정확하게 말하면 '태양이 지나다니는 길'이 아니라 '지구의 공전 궤도'라고 해야 맞지만, 지구상의 우리가 보기에는 해가 동쪽에서 떠서 서쪽으로 움직이는 것처럼 보이기 때문에 편의상 태양이 지나다니는 길을 황도라고 정의해도 큰 무리는 없다.

다음으로, '12궁'의 '궁(宮)'은 원래 '궁궐'을 의미하지만 여기서는 '별자리'로 해석해야 한다. 즉 '황도 12궁'이라 하면 태양이 지나가는 궤도에 걸쳐 있는 12개의 별자리를 의미한다.

자, 그렇다면 북회귀선과 남회귀선이 각각 Tropic of Cancer와

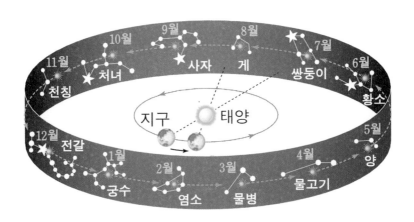

〈그림 2-5〉 **지구의 공전과 황도 12궁**

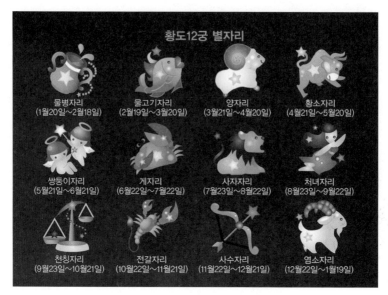

〈그림 2-6〉 **황도 12궁의 이미지와 날짜**

Tropic of Capricorn이라 불리는 이유를 짐작할 수 있다. 하지 때의 태양이 게자리(Cancer), 동지 때의 태양은 염소자리(Capricorn)와 겹쳐 보인다는 뜻이다. (물론 태양이 가 있는 곳은 낮이기 때문에 별자리가 실제로 보이지는 않는다.)

그러나 현 시점에서는 이 위치가 정확하게 일치하지 않는다. 그것은 지구의 세차 운동으로 인해 춘분점의 위치가 바뀌면서 황도 12궁의 위치도 바뀌기 때문이다. 만일 탄생월을 바탕으로 한 '별자리 점성술'을 본다면 날짜를 잘 따져봐야 한다. 그렇지 않으면 다른 사람의 운세를 내 것으로 믿고 괴로워할지(?) 모른다. 더 정확하게는 각 별자리의 크기가 다르기 때문에 태양이 지나가는 기간 또한 다르다.

북극권, 남극권

북극권(北極圈)은 지도 위에 표시된 지구의 주요 다섯 위선 중 하나이다. 정확하게 그 위선만을 의미할 때도 있고, 그 위선의 이북 지역 전체를 의미할 때도 있다. 2011년을 기준으로, 북위 66° 33′ 44″(66.5622°)을 지난다. 북극권의 위치는 고정되어 있지 않고 지구 자전축 기울기의 변화에 따라 41,000년 주기로 2° 가량 변한다. 현재는 1년에 약 15m 가량의 속도로 북쪽으로 움직이고 있다.

북극권은 태양이 뜨지 않거나 지지 않는 지역의 경계다. 예를 들면 하짓날에는 하루 종일 태양이 지지 않아 밤에도 환한 백야 현상이 나타나고, 동짓날에는 하루 종일 해가 뜨지 않아 낮에도 컴컴한 흑야(혹은 극야) 현상이 나타난다. 이 경계는 하지와 동지를 기점으로 북극권(66.5도)에서 극점(90도) 사이를 오르락내리락하기 때문에 흔히, 극지방은 6개월은 낮이고 6개월은 밤이라고 한다.

북극권은 나라로 따지면 아이슬란드, 러시아, 미국, 캐나다, 그린란드, 그리고 스칸디나비아 반도의 노르웨이, 스웨덴, 핀란드 등을 지난다. 백야와 흑야 현상뿐 아니라 워낙 추워서 그리 살기 좋은 환경은 못 되지만, 그래도 러시아의 무르만스크 같은 곳은 30만 명이 넘는 인구를 자랑하는 등 군데군데 생각보다 꽤 많은 사람들이 살고 있다.

이번 여행 때는 북극권을 넘어설 기회가 없었지만, 과거 유럽 배낭여행 때 북극권을 직접 밟아 본 적이 있다. 노르웨이에서 기차를 타고 스웨덴을 거쳐 핀란드 헬싱키로 넘어가면 자연스럽게 북극권

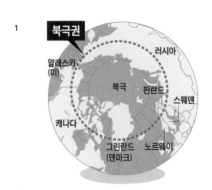

〈사진 2-9〉 **핀란드의 북극권과 산타 마을**

1. 북극권이 지나는 나라들
2. 산타마을 바닥에 그어진 북극권 표시 (매년 조금씩 이동하고 있으니 어떻게 하나?)
3. 북극권임을 알리는 표지판
4. 산타 우체국-세계 곳곳에서 오는 모든 편지에 답장을 해주고 있다고 한다.

을 넘나들게 된다. 중간에 로바니에미라는 도시에서 기차를 내리니, 곳곳에 여기가 북극권임을 알리는 다양한 상징물들이 마련되어 있었다.

그곳에서 좀 떨어진 나파피리라는 곳이 정확하게 북극권이 지나는 곳인데, 재미있는 것은 바로 그곳에 산타 마을이 있는 것이다. 마침 다음 기차를 타기 전까지 몇 시간 여유가 있어서 잽싸게 산타 마을을 보고 오기로 마음먹었다.

산타 할아버지의 탄생지는 다른 곳에도 몇 군데 더 있고, 공식적으로는 NORTH POLE H0H 0H0 CANADA가 산타 할아버지의 주소로 되어 있다. 몇 년 전 캐나다 정부에서 산타 할아버지와 할머니(?)에게 여권을 발급했다는 뉴스도 있었지만, 안타깝게도 지도상에서 그 주소가 어디인지는 찾을 수 없다. 대신 핀란드의 산타 마을이 가장 유명하고, 우리나라에서도 핀란드 산타를 원조로 간주한다. 문제는 산타 마을이 로바니에미 시내에서 약 8킬로미터 정도 떨어진 한적한 외곽에 위치한다는 점인데, 그런 곳에서 대중교통을 이용하기란 거의 불가능하다. 하는 수 없이 짐을 기차역 사물함에 넣어두고 가벼운 차림으로 뛰어서 갔다 오기로 했다. 다행히 도중에 히치하이킹을 하여 시간과 체력을 동시에 아낄 수 있었지만……

다시 본론으로 돌아가서, 남극권은 북극권과 모든 게 반대라는 것 말고는 딱히 설명할 것이 없다. 백야와 흑야가 나타나는 것도 마찬가지이긴 하지만, 남극권은 말 그대로 남극 대륙을 둘러싸고 있을 뿐 사람이 사는 도시도, 산타 마을도 없다.

날짜변경선

　지금까지 그리니치 천문대를 중심으로 지구라는 행성의 공간이 어떤 식으로 구분되는지를 살펴보았다면, 이제부터는 시간이 어떻게 정의되는지를 살펴볼 차례다.

　사실 우리는 태어나면서부터 시간의 흐름에 너무나 익숙한 삶을 살아오고 있기 때문에 이 '시간의 정의'라는 말 자체가 낯설게 느껴진다. 그러나 시간이라는 것은 우주에서 절대 불변의 상수로 고정되어 있는 것이 아니라 인간이 스스로의 필요에 따라 임의로 만들어놓은 잣대에 지나지 않는다. 시간은 과거에서 현재, 현재에서 미래로 그저 일직선으로 흘러가는 대신, 때로는 빨라지거나 느려지기도 하고, 때로는 완전히 멈추기도 하며, 또 때로는 심지어 거꾸로 흐르기까지 한다. 공상과학 이야기가 아니다. 아인슈타인의 상대성 이론에 의하면 속도가 빨라질수록 시간은 점점 느려져 광속에 이르는 순간 시간이 멈춘다는 사실이 밝혀졌으며, 스티븐 호킹은 우주가 팽창을 멈추고 수축하기 시작하면 시간이 거꾸로 흐른다는 사실을 이론상으로 입증했다.

　그렇다면 이론이 아닌, 현실에서 시간은 어떻게 '정의'될까? 가장 간단하게 생각하면, 하루 중 태양이 가장 높이 뜨는 때를 정오, 즉 낮 12시로 정한 것이 시간의 기준이다. 즉 우리가 체감하는 하루는 지구가 한 바퀴 자전하는데 걸리는 시간이고, 이를 스물넷으로 나누어 시간을 표시한다. 이렇게 될 경우 문제는 경도에 따라 시간이 모두 달라진다는 점이다. 지구가 한 바퀴 자전한다는 말은

360도를 돈다는 뜻이고, 이를 24시간으로 나누면 경도 15도에 한 시간의 시차가 생긴다는 뜻이다. 본초자오선이 있는 그리니치 천문대를 기준으로 동쪽으로는(동경) 15도에 한 시간씩이 빨라지고, 서쪽으로는(서경) 15도에 한 시간씩 늦어진다. 이렇게 밀고 당기다 보면 동경 180도와 서경 180도가 딱 마주쳐서 같은 시간이 되는데, 그렇다고 같은 시간이라고 할 수는 없으니 하루를 더하거나 빼야 한다.

그래서 이것을 날짜변경선이라고 하는데, 지도를 자세히 보면 이 날짜변경선은 다른 경선과 달리 직선이 아니라 불규칙한 톱니처럼 여기저기가 삐쭉빼쭉하다. 날짜변경선을 직선으로 그어 버리면 남태평양의 조그만 섬들을 가로지르게 되는데, 그럴 경우 바로 옆 동네임에도 불구하고 날짜가 달라지는 폐해를 예방하기 위함이다.

하지만 예외 없는 법칙은 없다는 말도 있듯이 여기에도 예외가 있다. 남태평양에 떠있는 피지의 타베우니라는 섬이 그 중의 하나인데, 다음 페이지의 사진이 바로 '어제'와 '오늘'이 딱 붙어 있는 날짜변경선 안내판이다. 여담이지만 이 사진의 출처를 잠깐 소개하고자 한다.

이 사진은 캐나다 온타리오 주에 거주하는 어느 한국인 부부가 현지에서 직접 찍어 나에게 보내온 사진이다. 여행 초기 인도에서 우연히 만나 보름 정도를 함께 다닌 인연으로 지금까지 가깝게 지내고 있는 분들인데, 우리가 캐나다에 처음 정착했을 때 아무런 준비도 없이 떠나온 우리 가족을 많이 도와 주셨다. 남편되시는 분은 아내와 결혼할 때 "100개 나라 이상을 구경시켜 주기로 한 약속을 지키려고 죽기 전에 부지런히 다닌다"고 하시며 웃으신다. 젊었을 때도 틈틈이 여행을 다녔지만 자식들이 다 큰 후부터 본격적으로 다닌 것이 지금은 거의 안 가본 나라가 없을 정도다. 최근 몇 년 동안은 해마다 서너 달씩 생업을 멈춰두고 여행길에 나서는데, 올해도 어김없이 다음주에는 출발할 모양이다.

지금은 내가 캐나다 서부로 이사를 온 탓에 자주 만나지는 못하지만, 그분들이 여행을 떠날 때마다 나도 함께 다니는 느낌이다. 아무리 사전에 계획을 치밀하게 세워도 막상 떠나보면 차질이 생길 때가 많은데, 그때마다 내가 집에서 대신 그분들의 현지 숙소나 항공편을 변경하거나 바뀐 정보 등을 알려주는 역할을 한다.

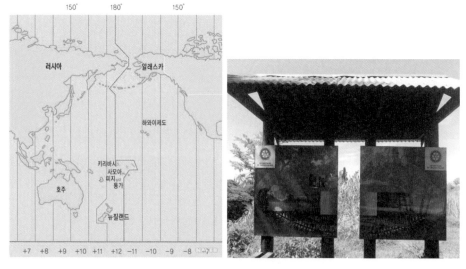

〈사진 2-10〉 날짜변경선

[날짜변경선을 경계로 왼쪽은 West(Today) 오른쪽은 East(Yesterday)이다.]

나 역시 여행이라 하면 자다가도 벌떡 일어나는 사람이기는 하지만, 나는 이분들에게 상대가 되지 않는다. 위의 사진만 해도 오로지 날짜변경선을 직접 보기 위해 왕복 44시간을 투자한 결과물이다. 한 마디로 진정한 고수의 향기를 물씬 풍기는 분들이다.

서울과 평양의 시차?

시간이라는 것이 절대적인 기준이 될 수 없다는 사실은 같은 경도 상에 위치한 북한과 남한 사이에 30분의 시차가 존재한다는 점만으로도 충분히 미루어 짐작할 수 있다. 시간을 결정하는 것이 경도라고 했을 때, 엄밀히 말해서 한반도의 중앙을 지나는 경도를 따지자면 동경 127.5도가 제일 근사하다. 그래서 우리나라는 처음 표준 시간대를 정한 1908년에 이 127.5도를 기준으로 삼았는데, 일제 강점기인 1912년 조선총독부의 지시에 따라 일본의 표준 시간대인 동경 135도를 따라갔다가, 해방 이후인 1954년에 127.5도로 돌아왔다. 하지만 1961년 이후에는 다시 동경 135도로 돌아가 지금까지 일본과 같은 시간대를 쓰고 있다. (따라서 일본 다녀온 뒤에 시차 운운했다가는 웃음거리가 될 수 있으니 조심하시길. 또한 여기서 일본, 동경 등의 단어가 자주 나오다 보니 헷갈릴 수 있는데, 일본의 수도인 東京과 경도를 따질 때의 東經은 아무 상관이 없다는 사실에 유의하자.)

북한도 우리와 같은 시간대를 쓰고 있었지만 2015년 8월 15일을 기해 "간악한 일본 제국주의자들은 삼천리강토를 무참히 짓밟고

전대미문의 조선 민족 말살 정책을 일삼으면서 우리나라의 표준 시간까지 빼앗는 천추에 용서 못할 범죄 행위를 감행했다"는 이유로 이른바 '평양 표준시'를 선언했고, 그 결과 남한과 북한 사이에는 30분의 시차가 발생하게 되었다.

반대로 중국의 경우에는 국토의 동쪽 끝인 흑룡강성과 서쪽 끝인 신장 위구르 자치구 사이의 거리가 5,200킬로미터에 달해 경도 상으로는 60도 이상 벌어져 있다. 경도 15도에 한 시간의 시차가 발생하는 게 정상이니 중국의 동쪽 끝과 서쪽 끝 사이에는 이론상으로는 네 시간 가량 차이가 난다. 그러나 중국 정부는 한 나라 안에서 시차가 발생할 경우의 혼란을 미연에 방지하기 위해 전국을 수도인 베이징을 기준으로 삼아 같은 시간대로 묶어 버렸다. 그 결과 베이징 사람들이 출근 준비를 할 아침 8시 무렵 동부 연안 사람들은 이미 출근해서 업무에 한창이고, 서부의 신장 위구르 사람들은 아직 새벽 단잠에 빠져 있다고 한다. 국토의 동서 거리가 4,500킬로미터에 달해 모두 네 개의 시간대를 적용하고 있는 미국과는 아주 대조적이다.

더 이상한 일도 있다. 우리나라를 기준으로 했을 때 태국이나 베트남 같은 나라와는 두 시간의 시차가 난다. 그런데 말레이시아와 싱가포르는 태국이나 베트남보다 훨씬 서쪽에 있음에도 불구하고 우리와 시차가 한 시간밖에 나지 않는다. 이는 말레이시아와 싱가포르가 홍콩 표준시를 쓰기 때문인데, 과거에 이들 국가를 식민 통치하던 영국이 자기네의 편의에 따라 시간대를 통일시켰기 때문이다.

그럼 한 나라 안에서 가장 많은 시간대를 적용하는 국가는 어디일까? 역시 국토 면적이 가장 넓은 러시아인데, 모두 11개의 시간대가 있다. 한편 지금도 본국 말고 세계 곳곳에 속령을 가진 프랑스의 경우는 다 합쳐서 12개의 시간대를 가지고 있다.

양력과 음력

아주 먼 옛날 우리 조상들은 자연 현상의 변화를 통해 시간의 흐름을 추측했다. 새싹이 트고, 꽃이 피고, 철새가 날아들고, 물이 어는 것 등을 보고 계절을 짐작한 것이다. 소위 자연력(自然曆)이다.

그런 가운데 이집트인들은 나일강이 범람할 때마다 동쪽 하늘의 일정한 위치에 시리우스라는 별이 나타난다는 사실을 알고, 그것을 바탕으로 기원전 18세기경에 달력을 만들었다. 1년을 365일로 나누고, 30일로 이루어진 12달에, 남는 5일은 연말에 몰아서 더하는 방식이었다. 이것은 항성월에 가깝다.

현재 우리가 사용하는 태양력은 16세기 말부터 사용하고 있는 '그레고리력'이다. 실제 지구가 태양 주위를 공전하는 주기는 365.2422…… 일이다. 그래서 우리가 사용하는 1년인 365일과는 약간의 차이가 난다. 대략 4년에 하루 정도인데 그것을 보완하고자 4년마다 2월에 1일을 더한 윤년을 두어 이 해에는 1년이 366일이 된다. 그래도 딱 맞아 떨어지지 않기 때문에 400년에 100번 대신 97번의 윤년을 두는 식으로 아쉬운 대로 그럭저럭 끼워 맞춘다. 다시 말해 4의 배수 해를 윤년으로 하되, 동시에 100의 배수가 되는 해는 그냥 평년으로 두고, 400의 배수가 되는 해는 다시 윤년으로 한다. 예를 들면 다같이 4의 배수 해인 2016년은 윤년이지만 2100년은 평년이고, 2400년은 윤년이다.

이따금 윤년과 윤달을 혼동하는 사람들이 있다. 2월이 29일까지 있는 것을 보고 "어, 금년 2월은 윤달이네"라고 말한다면, 윤년과 윤달의 개념이 없는 사람이다. 29일까지 있는 2월이 윤달이 아니라, 2월이 29일까지 있는 해가 윤년이다. 윤달에 대해서는 조금 밑에서 자세히 설명할 예정이다. 윤달과 윤년 말고 '윤초'라는 것도 있는데, 이것은 조금 더 아래 지구의 자전과 공전을 봐야 이해할 수 있다.

한편 우리나라는 1896년 태양력이 들어오기 전에는 중국의 영향으로 24절기가 추가된 음력을 사용했는데, 정확히 말하면 이는 태음태양력이다.

그럼 음력과 절기에 대해서 자세히 알아보자. 달이 차고 기우는 것을 기준으로 할 때 한 달은 29.5일이다. 그래서 음력으로 큰 달은 30일, 작은 달은 29일이다. 1년으로 환산하면 약 354일로, 양력 1년(365일)과는 11일의 차이가 생긴다. 이런 차이를 그대로 두다 보면 나중에는 음력 1월이 여름이 되는 경우가 발생한다. 월과 계절의 차이로 인한 이런 불편함을 없애고자 '절기'를 넣었다.

24절기

　절기(節氣)라고 하면 입동이니 경칩이니 해서 글자가 전부 한자로 되어 있고 주로 나이 지긋한 어르신들이 많이 따지는 것이라는 생각에 양력보다는 음력에서 온 개념인 것으로 아는 이들이 많다. 이는 양력=서양 달력, 음력=동양 달력이라는 착각에서 비롯된다. 양력의 '양'은 '서양'을 뜻하는 것이 아니라 '태양'을 뜻한다. 음력의 '음'은 물론 '달'이다. 즉 양력은 태양의 움직임에 맞춘 달력이고 음력은 달의 움직임에 맞춘 달력이다. 따라서 설이나 추석, 단오 같은 명절은 해마다 양력 날짜가 달라지지만, 절기는 양력으로 날짜가 고정되어 있다. 순전히 음력만 가지고는 계절이 맞지 않아 농사 지을 시기를 가늠하기가 쉽지 않다. 그래서 날짜는 달의 운동을 따르고, 계절은 태양의 운동을 따르기 위해 음력 속에 24절기라는 양력 성분을 넣어 '태음태양력'을 만든 것이다.

　그 원리는 기본적으로 아주 간단하다. 지구는 1년에 태양 주위를 한 바퀴, 즉 360도를 돈다. 그 궤도를 황도라고 한다는 이야기는 앞에서도 나왔다. 절기란 이 황도를 15도 간격으로 24등분한 점을 의미하며 추위나 더위, 기후 변화 등 그 시기의 특징을 담아 이름을 붙였다. 따라서 대략 15일 간격으로 절기가 하나씩 돌아온다.

　먼저 낮과 밤의 길이가 같은 춘분과 추분, 낮이 가장 긴 하지와 밤이 가장 긴 동지 등 네 군데를 기준점으로 잡는다. 다음으로 이들 네 지점의 가운데를 각 계절이 시작되는 지점으로 보아 각각 입춘, 입하, 입추, 입동으로 잡는다. 이렇게 여덟 개의 절기를 넣고 그 사이에 2개씩 나머지 16개를 채우면 24절기가 완성되는데, 대체로 매월 5일과 20일 전후에 한 번씩 들어간다. 흔히 이 스물네 가지 전부를 절기라고 부르기도 하지만 앞에 들어가는 것(입춘, 경칩, 청명 등)을 절기, 뒤에 들어가는 것(우수, 춘분, 곡우 등)을 중기로 구분하기도 한다.

24절기는 다음과 같다.

봄 　: 입춘, 우수, 경칩, 춘분, 청명, 곡우
여름 : 입하, 소만, 망종, 하지, 소서, 대서
가을 : 입추, 처서, 백로, 추분, 한로, 상강
겨울 : 입동, 소설, 대설, 동지, 소한, 대한

복잡한 것 같지만 알고 보면 꼭 그렇지도 않다. 우선 소한(小寒), 대한(大寒)은 '대한이 소한 집에 놀러갔다가 얼어 죽었다'는 옛말에서 알 수 있듯이 한 해 가운데 가장 추운 때다. 그렇다면 당연히 겨울인 동지와 입춘 사이가 될 것이다. 비슷한 원리로 소서(小暑)와 대서(大暑)는 하지와 입추 사이가 된다. 또한 눈이 오는 소설(小雪), 대설(大雪)의 위치는 겨울이 시작되는 입동 뒤에 와야 하고, 우수(雨水)와 경칩(驚蟄)도 '우수, 경칩이면 대동강 물도 풀린다'고 했으니 봄이 시작되는 입춘 다음일 것이다. 나머지 청명(淸明)과 곡우(穀雨), 소만(小滿)과 망종(芒種), 처서(處暑)와 백로(白露), 한로(寒露)와 상강(霜降)도 그 뜻을 생각해보면 대략의 위치를 짐작할 수 있다.

윤달

윤달은 절기와 마찬가지로 양력과 음력이 일치하지 않는 데서 오는 불편함을 줄이기 위한 또 하나의 보완 수단이다. 앞서 말한 바와 같이 음력 1년은 양력 1년보다 11일이 짧다. 3년이면 33일이 되어 약 1달의 차이가 생긴다. 대략 3년마다 음력 1달을 더 넣으면 될 것도 같은데, 그렇게 하면 또 3일이 남는다. 그래서 현재는 19년에 7번의 윤달을 넣는 복잡한 방법을 사용하고 있다.

윤달이 낀 해는 1년이 12개월이 아니라 13개월이 되는 셈인데, 그렇다고 정말로 13월을 만들 수는 없으니 추가로 더하는 윤달을 어디에 끼워 넣을 것인가 하는 문제가 생긴다. 이와 관련된 기본 원칙을 무중치윤법(無中置閏法)이라고 하는데, 중기가 들어 있지 않은 달(무중)을 윤달로 놓는다(치윤)는 뜻이다.

앞서 말한 24절기를 음력(월)과 대응시키기 위해 12개의 절기와 12개의 중기로 분류하면 다음 표와 같다.

[표 2-1] 양·음력(월)과 12절기/중기

양력(월)	1	2	3	4	5	6	7	8	9	10	11	12
절기	소한	입춘	경칩	청명	입하	망종	소서	입추	백로	한로	입동	대설
중기	대한	우수	춘분	곡우	소만	하지	대서	처서	추분	상강	소설	동지
음력(월)	12	1	2	3	4	5	6	7	8	9	10	11

위의 표에서 각 달의 절기와 중기를 살펴보면, 입춘은 음력 1월 절기, 우수는 1월 중기임을 알 수 있다. 마찬가지로 소서는 6월 절

기, 대서는 6월 중기이다. 양력으로 위 표의 절기는 대체로 매달 초에 들고, 중기는 말에 든다(예 : 입춘은 대개 2월 4일, 우수는 2월 19일에 든다).

음력에서 윤달을 도입하는 방법은 앞에 설명한 24절기의 12중기에 의한다. 24절기와 각 기 사이는 대체로 15일이므로 한 달에는 대개 1번의 절기와 중기가 들게 된다. 음력에서 어떤 달의 이름은 그 달에 든 중기로 결정한다. 즉 어떤 달에 1월 중기 우수가 들면, 그 달은 1월이다. 마찬가지로 음력 11월에는 중기 동지가 있게 마련이다. 그런데 어떤 경우에는 절기만 한 번 들고 중기가 들지 않는 달이 있다. 이런 경우에는 그 달의 이름을 결정할 수 없으므로 그 달을 윤달로 삼고, 달 이름은 전달의 이름을 따른다. 이와 같이 중기가 들지 않는 달, 즉 무중월(無中月)을 윤달로 한다. 간혹 1년에 2번의 무중월이 있는 경우가 있는데, 이때는 처음 달만 윤달로 택한다.

마침 5월 윤달이 든 2017년을 예로 최대한 간단하게 설명해 보자. 2017년도 양력과 절기(중기) 및 음력의 시기를 간단히 비교하면 아래 표와 같다.

[표 2-2] **2017년, 양력과 절기 및 음력의 관계**

양력(월)		1	2	3	4	5	6	7	8	9	10	11	12
절기	중기	대한	우수	춘분	곡우	소만	하지	대서	처서	추분	상강	소설	동지
	일	20	18	20	20	21	21	23	23	23	23	22	22
음력(월)		12	1	2	3	4	5	윤5	6	7	8	9	10	11

무중치윤법으로 설명하면, 현재 상태로 음력 5월과 6월 사이에는 중기가 없다. 다시 말하면 음력 5월 그믐(양력 6월 23일)과 6월 초하루(양력 7월 23일) 사이에 하지나 대서와 같은 중기가 없는 1달 정도의 공백이 생기는데 이 기간을 윤달로 만든다는 것이다. 이번에는 윤달을 넣지 않은 상태로 돌아가서 음력 날짜를 환산해 보자. 그러면 대서는 음력 7월 1일이 된다. 그렇게 되면 음력 6월을 결정하는 중기인 대서가 7월에 들어가는 모순이 생긴다. 그래서 그 앞에 윤 5월을 만들어 넣은 후 다시 계산하면 대서는 음력 6월 1일이 되면서 문제가 해결된다. 이때 윤달은 바로 전달을 한 번 더 반복한다.

정리하면, 양력보다 매년 11일이 적은 음력의 날수를 맞추려고 대략 3년에 1번꼴로 윤달을 두는데, 그 기준은 음력의 월(月)을 결정하는 기준인 중기(中氣)가 없는 달로 한다는 것이다.

윤달의 빈도수를 보면 윤 5월이 가장 많고 이어 윤 4월, 윤 6월 순이다. 반면 윤 12월이나 윤 1월은 거의 없다. 이것은 지구의 공전 속도와 관계가 있는데, 여름철에는 지구가 태양으로부터 멀리 떨어져서 공전하기 때문에 속도가 느리다(그럼에도 여름철이 겨울철보다 온도가 높은 것은 태양빛이 지표면에 비치는 각도가 크기 때문이다). 그래서 음력 1개월 안에 1개의 절기만 들어 있을 때가 많다.

참고로 윤달을 포함한 우리나라의 역(曆)과 표준시는 한국천문연구원에서 관리하는데, 사전에 결정해서 알려주기 때문에 걱정할 필요는 없다.

손 없는 날?

윤달 이야기를 하다 보니 의외로 복잡해졌는데, 이야기가 나온 김에 잠깐 머리를 식힌다는 차원에서 '손 없는 날' 이야기를 간단하게 짚고 넘어가자. 요즘 같은 세상에도 이사나 결혼 등 특별한 이벤트를 치를 때 이른바 '택일(擇日)'이라 하여 이왕이면 좋은 날을 선택하려고 신경을 쓰는 이들이 생각보다 많은 듯하다. 사실 이 '손 없는 날'이 윤달과 밀접한 연관을 가지고 있다.

우리 옛 속담에 "윤달에는 송장을 거꾸로 세워도 탈이 없다"는 말이 있다. 윤달은 어떤 일을 하더라도 아무 문제가 없는 좋은 달이라는 뜻이다. 그래서 평소에 꺼리던 묘소의 이장을 실행에 옮기기도 하고, 수의를 만들기도 하며, 집안 수리를 하거나 이사를 가기도 한다. 왜 윤달이 이렇게 좋은 달일까?

'손 없는 날'의 '손'을 '손해'를 뜻하는 손(損)으로 알고 어떤 일을 해도 손해가 나지 않는다는 말로 생각하는 이들도 있는데, 사실 이 '손'은 '날수를 따라 여기저기로 다니면서 사람을 방해한다는 귀신'을 뜻하는 순우리말이다. 그런데 윤달은 평소에 없던 달이 공짜로 생긴 달이라 귀신도 잊어먹은 건지 봐주는 건지 하여간 훼방을 놓지 않는다는 것이다.

다른 한편으로 최근에는 거꾸로 결혼만큼은 윤달을 피하기도 하는데, 이유는 '귀신도 모르는 달'이라 조상들의 음덕을 받을 수 없어서라고 한다. 그래서 윤달이 끼면 결혼식장을 비롯한 관련업계에 비상이 걸린다는 뉴스가 종종 나온다.

음력은 계절과 맞지 않아 불편한 점도 있지만 장점도 많다. 가장 큰 장점은 달의 모양만 보고 날짜를 대충은 짐작할 수 있다는 점이다. 물론 그러기 위해서는 오늘 뜬 저 달이 상현인지 하현인지, 초승달인지 그믐달인지 정도는 구분할 줄 알아야 한다. 어차피 아무렇게나 말해도 확률은 2분의 1이지만, 오른손을 앞으로 쭉 뻗어 엄지와 검지 사이를 최대한 벌렸을 때 생기는 곡선이 달의 동그란 면과 같은 궤적일 때가 상현이다. 오른손잡이는 오른손의 힘이 세다 → 차오르는 달이 저물어가는 달보다 힘이 세다, 이런 식으로 기억해두면 좀처럼 잊어먹지 않는다.

그밖에도 요즘처럼 전기가 흔하지 않았던 옛날에는 음력 보름에 환한 달빛을 이용해 야외에서 야간 작업을 하기도 했고, 어부들은 달빛을 보고 물고기 떼의 이동을 추적하기도 했다. 또한 음력을 이용하면 만조와 간조 때 바닷물의 높이를 예측할 수도 있다. 즉, 상현이나 하현 때는 수위 차가 작고 삭(朔, 음력 초하루)이나 보름 때는 크다. 수위 차가 클 때를 '한사리(줄여서 그냥 사리)'라고 하고, 특히 음력 7월 보름의 사리를 '백중사리'라고 한다. 그래서 장마철과 보름이 겹칠 때 만조가 되면 해안 지역은 침수 피해에 더욱 신경을 써야 한다. 밀물이 평소보다 훨씬 깊이 들어오는 바람에 예기치 못한 사고가 종종 발생하기 때문이다.

4

지구의 자전과 공전

그리니치 천문대를 둘러본 다음 날, 우리는 템스강 유람선에 올랐다. 유람선을 타고 템스 강을 한 바퀴 둘러보면 런던이라는 도시의 전체적인 분위기를 대충 파악할 수 있다. 강폭이 생각보다 좁은 것이 조금 뜻밖이었지만, 덕분에 양쪽의 풍경을 좀 더 자세히 구경할 수 있는 장점도 있었다.

빅벤

템스강하면 산업혁명 이후 극심한 오염으로 수많은 문제점을 낳은 강으로 유명하다. 한때는 강가의 국회의사당에서 회의를 진행하기 곤란할 정도로 악취가 심했다고 하는데, 지금은 많은 사람들의 오랜 노력 끝에 상수원으로 사용할 수 있을 만큼 수질이 회복되었다. 유람선을 타고 강을 거슬러 오르면 런던 브리지와 타워 브리지 같은 다리들, 서기 2000년을 기념하기 위해 만든 '밀레니엄 아이'라는 대형 관람차 등을 가까이에서 구경할 수 있고, 강가에 즐비하게 늘어선 건물들은 현대와 중세가 뒤섞인 풍경을 연출한다. 그중에서도 유독 나의 시선을 끈 것은 웨스트민스터 궁전의 동쪽 끝에 우뚝 솟은 시계탑, 빅벤이었다.

〈사진 2-11〉 **빅벤**

빅벤은 전체의 높이가 100미터가 넘고, 분침의 길이만 4.3미터에 달하는 초대형 시계탑이다. 시간이 정확한 것으로 유명해서 런던 사람들은 이 시계탑을 보고 자신의 손목시계를 맞춘다고 하는데, 이따금 새들이 여러 마리 한 번에 시계 바늘에 내려앉거나 폭설이 내려 시계 바늘 위에 쌓이면 눈의 무게 때문에 시간이 틀려지는 경우가 생긴다고 한다.

그 거대한 시계탑을 올려다보면서, 문득 세상에서 가장 큰 시계는 어디에 있을까 하는 생각이 들었다. 내가 떠올린 답은 바로 '하늘'이다. 해와 달, 그리고 수많은 별들은 우리에게 시간을 알려주는 거대한 자연의 시계다. 물론 하늘을 보고 정확한 시간을 알기 위해서는 여러 가지 사전 지식이 필요하고, 그래서 그런 지식이 없는 사람들도 누구나 쉽게 시간을 알 수 있도록 시계라는 것을 만들었다.

오래전 TV의 예능 프로그램에서 무인도에 간 한 연예인이 자신의 그림자를 보고 시간을 알아맞힌 것이 화제가 된 적이 있다. 그 연예인이 어떤 특별한 비법을 가지고 있는지는 모르지만, 내가 알기로 어느 한 시점의 그림자만 가지고 시간을 정확히 알아낼 방법은 존재하지 않는다. 그림자의 길이를 가지고 시간을 정확히 알아내기 위해서는 앞에서 회귀선을 설명할 때 언급한 것처럼 '해가 중천에 떴을 때'의 그림자의 방향과 길이를 알아야 한다. 다시 말하면 하루 중에 그림자의 길이가 가장 짧아지는 때가 정오, 즉 낮 12시로 정해져 있으니 그때를 기준점으로 삼아 같은 물체의 그림자 길이와 방향을 비교하면 현재 시간을 알 수 있다.

이런 원리를 이용한 것이 흔히 인류 최초의 시계로 꼽히는 해시계다. 우리나라에도 여러 가지 종류의 해시계가 전해지는데, 그중에서 1434년(세종 16년)에 만들어진 앙부일구(仰釜日晷)라는 해시계가 유명하다. 솥처럼 생겼다고 해서 붙여진 이름이다. 단, 우리나라에서 이런 해시계로 시간을 재면 지금 우리가 쓰는 시간과는 30분 오차가 생기는데, 이는 해시계가 엉터리여서가 아니라 우리가 사용하는 시간대의 자오선(동경 135도 표준)과 우리나라 중심을 지나는 실제 자오선이 정확하게 일치하지 않기 때문이다.

　해시계의 예에서 보듯 지구상에서 시간을 좌우하는 요소는 지구와 태양의 움직임이다. 지구는 24시간마다 360도씩 자전을 하고 있으며, 동시에 365일을 주기로 태양 주위를 공전하고 있기도 하다. 사실 지구의 자전 속도는 적도에서 시속 1,675킬로미터, 초속으로 따져도 465미터에 달해 초속 340미터인 음속보다 훨씬 빠르다. 심지어 공전 속도는 초속 29.5킬로미터에 달한다. 우주선이 지구의 중력을 뚫고 지구를 벗어나는 데 필요한 최소한의 탈출 속도가 초속 11.2킬로미터 남짓인데, 지구의 공전 속도는 그보다 거의 세 배 가까이 빠르다. 어디 그뿐인가. 태양은 우리 은하의 중심을 초속 220킬로미터로 회전하고 있다. 갑자기 현기증이 나지 않는가?

　하지만 현실적으로 지구 위에 살고 있는 우리는 현기증은커녕 지구의 자전과 공전 자체를 실감하지 못한다. 너무나 큰 규모의 공간 속에 살고 있기 때문이다. 그럼에도 불구하고 우리는 여러 가지 증거를 통해 지구가 쉬지 않고 자전과 공전을 거듭한다는 사실을 알고 있다. 지구 자전으로 인해 나타나는 대표적인 현상이 바로 낮과 밤이고, 해와 달과 별들이 날마다 떴다가 진다는 사실이다. 또한 지구 자전축이 기운 채로 공전하면서 나타나는 대표적인 현상은 봄, 여름, 가을, 겨울 등 사계절의 변화가 생긴다는 사실이다.

하지만 이러한 현상은 지구가 자전이나 공전을 하지 않더라도 태양이 지구 주위를 돌면 나타날 수 있는 현상이기 때문에 지구 자전과 공전의 증거가 되지는 않는다. 그래서 코페르니쿠스의 지동설이 나오기 전까지 그 오랜 세월 동안 사람들은 지구를 세상의 중심으로 생각했던 것이다.

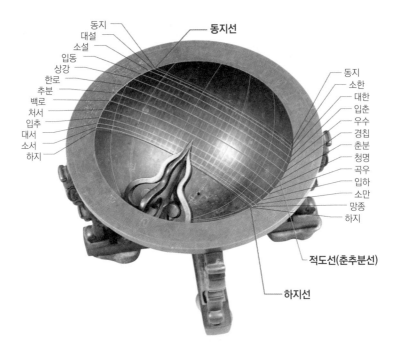

동지

대설

소설

입동

상강

한로

추분

백로

처서

입추

대서

소서

하지

동지선

동지

소한

대한

입춘

우수

경칩

춘분

청명

곡우

입하

소만

망종

하지

적도선(춘추분선)

하지선

〈사진 2-12〉 **앙부일구**

지구 자전의 증거

　지구가 자전하는 증거로는 푸코 진자의 회전과 전향력(코리올리 효과), 그리고 인공위성 궤도의 서편 이동 현상을 들 수 있다. 전향력에 대해서는 앞에서 설명했고, 여기서는 푸코의 진자와 인공위성의 궤도 문제를 간단히 살펴보자.

푸코의 진자

　〈푸코의 진자〉는 이탈리아의 거장 움베르토 에코의 소설 제목으로 유명하지만, 이 제목은 레옹 푸코(Jean Bernard Léon Foucault, 1819~1868)라는 프랑스 물리학자가 고안한 실험에서 착안한 것이다.

　코페르니쿠스가 〈천구의 회전에 대하여〉라는 저서에서 지동설을 주장한 것이 1543년의 일인데, 이로부터 300년이 지나면서 많은 사람들이 지구가 자전한다는 사실을 어렴풋이 믿기는 했지만 결정적인 증거는 발견되지 않은 상태였다. 이런 와중에 1851년 푸코가 만든 진자는 인류 역사상 최초로 지구의 자전을 명백히 입증한 대사건으로 기록된다.

　기다란 줄에 추를 매달고 흔들면 다른 힘이 작용하지 않는 이상 같은 궤도를 계속 왕복해야 정상이다. 그러나 푸코는 파리의 판테온에 거대한 추를 매달아 놓고 흔든 다음, 이 추가 조금씩 회전하기 시작해 32시간 후에는 완전히 한 바퀴를 돌 거라고 예언했다.

실제로 이 예언이 정확하게 맞아 떨어짐으로써 인류는 비로소 지구
자전의 증거를 목격하게 된 셈이다.

〈사진 2-13〉 **푸코의 진자**

[프랑스 판테온사원]

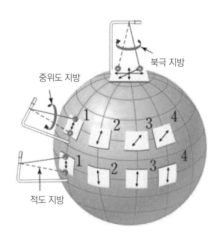

〈그림 2-7〉 **진자의 진동면 회전주기**

[극지방(24시간)에서 저위도(∞)로 갈수록 회전 주기가 길어진다.]

추의 진동면이 회전하는 것과 지구의 자전이 무슨 관계가 있을까? 실제로 추는 왕복 직선 운동을 할 뿐이지만, 지구가 돌기 때문에 우리 눈에는 마치 추의 진동면이 회전하는 것처럼 보인다. 더욱 재미있는 것은, 실험 위치의 위도에 따라 추의 진동면 회전이 달라진다는 점인데, 푸코가 실험을 진행한 파리의 위도에서는 32시간에 한 바퀴를 돌지만 위도 0도, 즉 적도에서는 이런 회전 운동이 나타나지 않고 계속 직선 운동만 한다. 반대로 남극이나 북극, 즉 위도가 90도인 곳에서 같은 실험을 하면 정확히 24시간에 한 바퀴를 돈다. 참고로 우리나라 서울(37.5도)에서는 약 39시간 25분이 걸린다.

인공위성의 서편 이동

이따금 굉장히 빠른 속도로 밤하늘을 가로지르는 정체불명의 불빛이 보일 때가 있다. 비행기는 확실히 아니고, 그렇다면 저것이 바로 말로만 듣던 UFO??? 흥분하기에는 이르다. 물론 진짜 UFO일 수도 있겠지만, 그보다는 인공위성일 가능성이 훨씬 높기 때문이다. 인공위성이 맨눈으로 보인다고? 물론 보인다. 정지궤도 위성(적도 상공 약 36,000㎞의 원 궤도를 따라 서쪽에서 동쪽으로 지구의 자전 주기와 똑같은 주기로 지구를 공전하기 때문에 지상에서 보면 한곳에 정지하고 있는 것처럼 보이는 인공위성)은 고도가 워낙 높아 맨눈으로 보기 힘들지만, 100킬로미터 상공의 저궤도를 도는 위성은 1시간 반에 지구를 한 바퀴 돌 정도로 속도도 빨라 비교적 잘 보이는 편이다. 한밤중에는 지구의 그림자에 들어가 햇빛을 반사하지 못하니 잘 보이지 않지만 초저녁이나 새벽녘에 그리 어렵지 않게 찾아볼 수 있다. 특히 ISS(International Space Station)라 불리는 국제우주정거장은 보통 인공위성보다 훨씬 크고 NASA 홈페이지에서 궤도와 확인 가능 시간을 알려주기 때문에 누구나 마음만 먹으면 쉽게 찾을 수 있다.

인공위성은 기능에 따라 통신위성, 군사위성, 기상위성 등으로

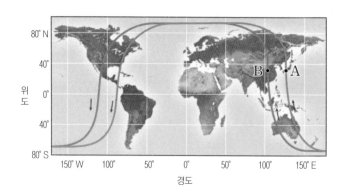

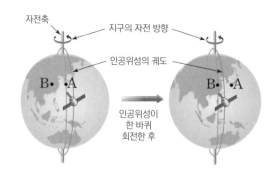

〈그림 2-8〉 **인공위성의 서편 이동**

[A지점에 있는 사람의 눈에는 인공위성의 궤도가 서쪽(B)으로 이동한 것처럼 보인다.]

구분되고 고도에 따라 저궤도, 중궤도, 정지궤도 위성으로 나뉜다. 그 중에서 지구 자전의 증거로 채택되는 것은 적도에서 90도, 즉 남북극 상공을 지나가는 극궤도 위성이다. 극궤도 위성은 궤도가 바뀌지 않는다. 북극점과 남극점을 통과해 약 두 시간이면 지구를 한 바퀴 돈다. 그런데 극지방이 아닌 다른 위도에서 보면 두 시간 후에 돌아온 이 위성이 두 시간 전보다 서쪽으로 이동한 것처럼 보인다. 실제로 인공위성은 똑같은 궤도를 돌고 있지만 그 두 시간 사이에 지구가 서쪽에서 동쪽으로 자전을 해버렸기 때문에 위성이 서쪽으로 간 것처럼 보인다는 뜻이다. 이것을 인공위성의 서편 이동이라고 한다.

말이 나온 김에 미래의 유망 직종을 하나 소개한다. 〈구글 어스〉의 실시간 인공위성 보기 기능을 이용하면 현재 지구 주위에 떠 있는 모든 인공위성들의 위치를 확인할 수 있는데, 그 개수가 무려 13,000개에 달한다! 화면을 축소하면 지구 상공에 수많은 먼지들이 떠도는 것처럼 보인다. 특히 적도 상공에는 수많은 정지궤도 위성들이 거의 빈틈없이 빽빽이 들어차 있다.

문제는 모든 인공위성들이 마르고 닳도록 계속 도는 게 아니라 수명이 정해져 있다는 사실이다. 수명이 다한 인공위성들은 더 이상 아무런 기능도 하지 못하지만 그래도 관성으로 계속 궤도를 돌며 자리만 차지하는데, 그 수가 점점 더 늘어나니 언젠가는 완전히 하늘을 뒤덮어 버릴지도 모를 일이다. 누군가 고장나거나 수명이 다한 인공위성 잔해를 수거할 수 있는 방법을 개발하면 엄청난 유망 직업이 될 것이라는 말은 결코 허풍이 아니다.

〈그림 2-9〉 **우주 쓰레기(Space Junk)**

지구 공전의 증거

    지구의 자전에 대해서 알아봤으니 공전을 그냥 넘어갈 수는 없다. 이야기가 조금 복잡해질 수도 있겠지만 알아두면 언젠가 써먹

을 데가 있을 뿐 아니라 심지어 재미있기까지 하니 차근차근 읽어
보도록 하자.

지구의 공전은 지구가 태양 주위를 일 년에 한 바퀴 도는 운동이
다. 이때 지구의 자전축이 기울어진 채로 공전하는 것 때문에 계절
의 변화가 생긴다. 그러나 계절의 변화는 지구의 공전으로 인해 나
타나는 현상 가운데 하나일 뿐 그것 자체가 공전의 증거는 되지 못
한다. 지구는 가만히 있고 태양이 지구 주위를 돌아도 계절의 변화
는 똑같이 나타날 것이기 때문이다.

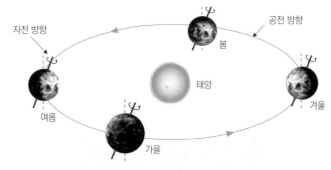

〈그림 2-10〉 **지구의 공전과 계절의 변화**

연주 시차

그럼 우리는 지구가 공전한다는 사실을 어떻게 알 수 있을까? 첫
번째는 연주 시차를 통해 지구의 공전을 입증할 수 있다. 연주 시차
를 이해하기 위해서는 먼저 태양의 연주 운동을 알아야 한다. 일주
(日周, 세계 일주의 一周가 아니다) 운동은 태양이나 별이 하루에 천구

를 한 바퀴 도는 운동이고, 연주 운동은 일 년에 한 바퀴를 도는 운동이다. 다음으로 연주 시차의 '시차'는 우리가 흔히 쓰는 시간 차이를 뜻하는 시차(時差)가 아니라 보는 각도의 차이를 뜻하는 시차(視差)다. 간단한 예로 양쪽 눈을 번갈아 감았다 떴다 하면 가까운 곳의 물체가 오른쪽 왼쪽으로 이동하는 것처럼 보이는데, 이것이 시차다.

하지만 우리의 두 눈은 서로 불과 몇 센티미터밖에 떨어져 있지 않기 때문에 웬만큼 멀리 떨어진 물체에 대해서는 이런 효과가 잘 나지 않는다. 대신 우리가 직접 장소를 옮겨 가면서 같은 물체를 관측하면 기준으로 삼은 물체에 비해 다른 물체가 얼마나 멀리 떨어져 있는지를 계산할 수 있다. 다시 말해 시차가 크면 클수록 관측에 유리하다.

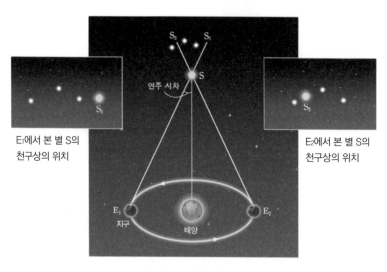

E₁에서 본 별 S의 천구상의 위치

E₂에서 본 별 S의 천구상의 위치

〈그림 2-11〉 **연주 시차**

[같은 별(S)이 지구의 위치(E₁, E₂)에 따라 다른 위치(S₁, S₂)에서 보인다.]

일단 지구가 공전하는 것이 사실이라고 가정하고, 지구상의 우리가 하늘의 별을 관측할 때 시차를 가장 크게 할 수 있는 방법이 무엇일까? 6개월에 한 번, 같은 별을 관측하면 된다. 예를 들어 1월 1일의 지구와 7월 1일의 지구는 태양을 가운데 두고 반대편의 제일 먼 곳으로 가 있을 것이다. 이렇게 6개월 간격으로 두 차례 관측을 해서 같은 별이 보이는 각도가 달라지면, 별은 그 자리에 가만히 있었으니 결과적으로 지구가 움직였다는 이야기가 된다.

1543년에 코페르니쿠스가 지동설을 주장한 뒤 많은 사람들이 실제로 연주 시차를 관측하려고 노력했다. 정말로 연주 시차가 관측되면 지동설이 사실임을 입증하는 움직일 수 없는 증거가 되기 때문이다. 하지만 연주 시차가 처음으로 관측된 것은 그로부터 거의 300년이 지난 1838년의 일이다. 프리드리히 빌헬름 베셀(Friedrich Wilhelm Bessel, 1784~1846)이라는 독일의 천문학자가 백조자리 61번 별의 시차를 알아낸 게 최초다.

왜 이렇게 오랜 세월이 걸렸을까? 베셀이 계산한 백조자리 61번 별의 시차는 0.294초였다. 아시다시피 각도에서의 1초는 1도의 3600분의 1이다. 0.294초, 넉넉잡고 0.3초라고 해도 3600분의 1의 10분의 3도니, 보통 사람이 맨눈으로 식별할 수 있는 각도는 아니다.

덤으로, 어떤 별의 연주 시차를 알면 그 별까지의 거리를 계산할 수 있다. 별까지의 거리(r)= 1/연주시차(p″)로 거리(r)의 단위는 파섹(pc)이다. 여기서 별까지의 거리를 재는 단위에 대해 잠깐 알아보고 넘어가기로 하자. 우리가 일상에서 흔히 쓰는 킬로미터 단위는 우주 공간에서는 숫자가 너무 커져 불편하다. 그래서 지구와 태양까지의 거리인 1억5천만 킬로미터를 1천문단위(Astronomic Unit)로 정해 흔히 1AU로 표시한다.

하지만 우주가 너무 커서 이 단위로 표시하기에도 불편해지자, 초속 30만 킬로미터인 빛이 1년 동안 가는 거리를 따져 광년(光年, Light Year, 줄여서 LY)이라는 단위를 쓰기 시작했다. 이를 킬로미터로 계산하면 1광년은 9조4천6백억 킬로미터에 해당한다. 그럴 일은 없겠지만, 만약 시속 5킬로미터로 걸어서 1광년을 가려면 2억2천5백만 년이 걸린다.

여기서 한 가지 주목할 단위로 앞서 언급한 파섹(parsec)이라는 게 있다. 시차를 뜻하는 parallax의 par와, 초를 뜻하는 second의 sec을 이어 붙여 만든 단어다. 이름에서 알 수 있듯, 이것은 연주 시차가 1초인 별까지의 거리를 의미한다. 조심할 것은 연주 시차가 클수록 거리는 짧아지고 작을수록 거리는 멀어진다는 점이다. 따라서 시차 1초를 1파섹이라 할 때 10초는 0.1파섹, 0.1초는 10파섹이 된다.

여담이지만 영화 〈스타워즈〉에서 주인공이 자기 우주선의 속도를 자랑하면서 특정한 거리를 12파섹에 주파했다고 말하는 대목이 나온다. 여기에 대해서는 많은 논란이 있지만, 영화의 제작진이 파섹이라는 단위를 거리가 아닌 속도의 개념으로 착각했다고 보는 것이 정설이다. '초'를 의미하는 sec이라는 글자가 들어가기 때문에 생긴 오해로 추정된다.

연주 시차는 지구 공전의 증거인 동시에 별까지의 거리를 측정하는 수단이 되기도 한다고 했는데, 300광년이 넘어가면 연주 시차가 의미를 둘 수 없을 만큼 작아지기 때문에 다른 방법으로 거리를 재야 한다. 지금까지 밝혀진 연주 시차가 가장 큰 별은 켄타우루스 알파인데, 연주 시차 0.76초에 거리는 1.32파섹, 광년으로는 4.3광년에 해당한다. 태양을 제외하면 지구에서 가장 가까운 항성으로, 언젠가 인류가 태양계를 벗어난다면 제일 먼저 가보게 될 가능성이 높은 별이다.

광행차와 도플러 효과

지구 공전의 증거로는 연주 시차 말고도 광행차와 도플러 효과가 있다. 광행차를 영어로는 aberration of light라고 하는데, 이 aberration이라는 단어는 원래 뭔가 정상적인 궤도를 벗어난 일탈,

〈사진 2-14〉 **비 오는 날의 우산**

탈선을 의미한다. 한자 역시 빛(光)이 가는 방향(行)에 차이(差)가 생긴다는 뜻으로, 말이 좀 어려워 보이기는 해도 원리만 알면 간단하다.

　광행차를 설명할 때 어김없이 등장하는 비유가 바로 비 오는 날의 우산이다. 바람이 없다고 가정할 때 빗방울은 머리 위에서 수직으로 떨어지니 우산을 똑바로 쓰고 있으면 비를 맞지 않는다. 하지만 우산을 쓴 채 걸어갈 때 우리는 조금이라도 비를 덜 맞기 위해 본능적으로 우산을 앞으로 기울인다. 뛰어간다고 하면 속도가 빨라질수록 우산을 더 앞으로 기울이는 것이 비를 덜 맞는 비결이다. 우리가 가만히 서 있거나 뛰어가거나 빗방울이 수직으로 떨어지는 것은 변함이 없지만, 뛰는 속도가 빨라지면 질수록 빗방울은 사선

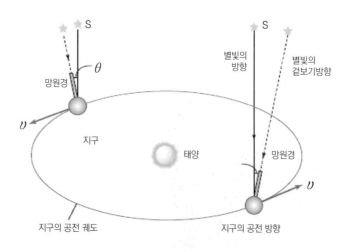

〈그림 2-12〉 **광행차 현상**

[같은 별(S)을 관측하더라도 지구의 공전 위치에 따라 망원경의 방향과 기울기를 다르게 해야 한다.]

으로 비스듬히 떨어지는 것처럼 보인다.

빛 역시 마찬가지다. 내가 움직일 때는 가만히 서 있을 때와는 달리 똑바로 내려오는 별빛 역시 빗방울과 마찬가지로 사선으로 내려오는 것처럼 보인다. 다시 말하면 내 눈에 보이는 별의 위치와 실제 위치 사이에 차이가 생기는데, 그 차이를 광행차라고 한다.

하지만 잠깐. 나는 움직이지 않고 가만히 서 있는데 왜 광행차가 생기냐고? 내가 아무리 가만히 서 있다 해도 지구가 움직이면 결과적으로 내가 움직이는 것과 마찬가지다. 따라서 어떤 별을 면밀하게 관찰한 결과 광행차가 발견되면, 그것은 곧 지구가 움직인다는 증거가 되는 셈이다. 아울러 광행차의 크기(θ)를 측정하면 지구의 공전 속도(v)를 구할 수 있는데, 그 결과는 29.5km/s이다.

이 광행차를 처음으로 발견한 사람은 제임스 브래들리(James Bradley, 1693~1762)라는 영국 천문학자다. 원래 그는 연주 시차를 관측하려고 전력을 기울였지만 결국 실패했다. 덕분에 연주 시차의 최초 발견자라는 명예는 베셀에게 돌아갔지만, 브래들리는 그 과정에서 우연히 광행차를 발견했다. 흥분한 브래들리는 자신의 스승이자 당시 그리니치 천문대장으로 활약하던 에드먼드 핼리(Edmund Halley, 핼리 혜성을 발견한 바로 그분)에게 이 사실을 보고했고, 이 업적을 인정받아 훗날 핼리에 이어 그리니치의 제3대 천문대장으로 임명되었다.

다음으로 도플러 효과. 광행차를 설명할 때 우산이 등장하듯, 도플러 효과를 설명할 때 반드시 언급되는 비유는 구급차의 사이렌 소리다. 구급차는 똑같은 주파수, 똑같은 음역의 사이렌을 울리며 지나가지만, 그 구급차가 우리에게 다가오느냐 멀어지느냐에 따라 우리 귀에는 조금 다르게 들린다. 다가올 때는 주파수가 많아지고 파장이 짧아져서 귀를 찢을 듯이 높은 음조로 들리다가, 우리 앞을 통과해 멀어져갈 때는 주파수가 점점 적어지고 파장이 길어지기 때문에 한결 음이 낮아진다.

이 도플러 효과를 활용한 것으로 스피드 건을 들 수 있다. 야구 좋아하는 분들은 알겠지만, 투수가 던지는 공의 속도는 많은 사람들의 관심을 끈다. 시속 몇 킬로미터짜리 공을 던지느냐는 투수의 능력을 평가하는 중요한 변수 가운데 하나다. 그래서 어지간한 야구 경기에서는 어김없이 스피드 건이 동원된다. 물론 요즘은 과속을 단속하는 교통경찰들도 스피드 건을 활용한다. 스피드 건은 움직이는 물체에 초음파를 발사한 다음, 반사되어 돌아오는 파동에서 나타나는 도플러 효과를 측정해 속도를 판별하는 장치다.

도플러 효과는 비교적 난이도가 높은 과학 용어 가운데 하나지만, 뜻밖의 뉴스에서 화제가 된 적이 있다. 몇 해 전 말레이시아 항공 소속의 여객기 한 대가 이륙 후 아무런 단서도 남기지 않고 감쪽같이 사라져 버렸다. 한때 아시아판 버뮤다 삼각 지대로 들어갔다는 등 온갖 흉흉한 소문이 돌았지만, 도플러 효과 덕분에 대략적인 비행 방향을 알아내 결국 이 비행기가 인도양 어딘가에 추락했을 거라는 결론을 내릴 수 있었다. 원래 모든 비행기에는 GPS를 비롯해 현재 위치를 외부에 알릴 수 있는 장치가 이중 삼중으로 장착되어 있지만, 문제의 말레이시아 항공기는 무슨 이유에서인지 모든 통신 장비는 물론 GPS마저 꺼버려 행방을 알 방법이 없었다. 그

러나 이 비행기의 엔진에 일정한 간격으로 신호를 송출하는 기능이
탑재되어 있었는데, 영국의 한 인공위성 업체가 이 엔진 신호에서
발생한 도플러 효과를 계산해 대략적인 비행경로를 알아냈다는 것
이다.

도플러 효과를 처음으로 발견한 사람은 크리스티안 도플러(Ch-
ristian Doppler, 1803~1853)라는 오스트리아 출신의 물리학자다. 그가
이 효과를 입증하기 위해 사용한 실험 방법이 재미있다. 뚜껑 없는
기차에 트럼펫 연주자를 태운 뒤, 이른바 절대음감을 가진 음악가
로 하여금 그 기차가 다가올 때와 멀어질 때 트럼펫 음의 높낮이를
기록하도록 했다는 것이다. 그 결과 기차가 다가올 때의 음이 멀어
질 때보다 반음 정도 높다는 사실이 드러났는데, 당시만 해도 음의
높낮이를 측정할 장치가 없어 사람의 '귀'를 이용한 셈이다.

한편 도플러 효과는 소리뿐만 아니라 빛에도 똑같이 적용된다.
파동을 일으키는 모든 물체에서 도플러 효과가 나타난다는 것인
데, 이는 역으로 빛 역시 알갱이의 성질과 함께 파동의 성질도 가지

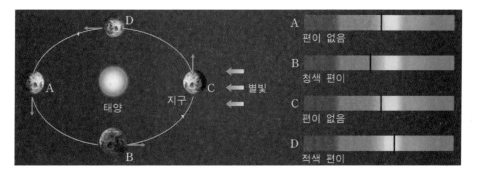

〈그림 2-13〉 **지구의 공전과 빛의 도플러 효과**

고 있다는 사실을 입증해준다. 소리의 경우 파장이 짧을수록 음이 높아지고 길어질수록 낮아지는 반면, 빛의 경우에는 가시광선 영역에서 파장이 짧을수록 파란색에 가깝게 보이고 길어질수록 붉은색에 가깝게 보인다. 이를 각각 청색 편이, 적색 편이라고 한다.

이것이 어떻게 지구가 공전하는 증거가 될 수 있을까? 만약 지구가 한 자리에 가만히 멈춰 있다면 어떤 별에서 오는 빛의 파장도 고정되어 있어야 한다. 그러나 실제로 별빛의 스펙트럼을 분석해 보면 어느 한쪽으로 기울어지는 현상이 관측되는데, 만약 스펙트럼이 청색 쪽으로 이동했다면 지구와 그 별의 거리가 가까워진다는 뜻이고 적색 쪽으로 이동했다면 멀어진다는 뜻으로 해석할 수 있다. 그래서 지구의 공전 궤도면에 평행한 방향에 있는 한 별을 관측하면 6개월을 주기로 청색 편이와 적색 편이가 반복된다. 허블 망원경으로 유명한 에드윈 허블은 우리와 멀리 떨어진 은하일수록 적색 편이가 커지는 현상을 발견함으로써 우주가 팽창하고 있다는 놀라운 결론을 내렸다.

윤초

앞에서 윤달과 윤년을 다루었으니, 이번에는 윤초(閏秒) 이야기를 잠깐 짚고 넘어가자.

지구가 한 바퀴 자전하는데 걸리는 시간을 24시간으로 놓고 시간을 정했는데, 이게 한 치의 오차도 없이 정확한 24시간이 아니라

23.934시간이다. 분으로 따지면 하루에 약 4분 정도가 모자라는 셈이다. 이렇게 되는 이유는 지구의 공전 때문이다. 지구가 한 바퀴 자전을 하는 사이에 공전을 하느라 약 1도 정도 이동해 버리기 때문에, 우리가 보기에 태양이 정확히 같은 자리로 돌아오는데 필요한 시간이 그만큼 길어지는 것이다. 이는 1항성일과 1태양일의 차이다.

더구나 지구의 공전 속도가 일정하지 않다는 점도 고려해야 한다. 태양과 가까운 겨울철이 빠르고, 먼 여름철이 느리다. 이는 곧 지구의 자전주기도 다르다는 뜻이다. 그래서 이런저런 오차를 줄이고 불편함을 없애려고 '평균태양시'를 사용하고 있다. 즉, 지구가 태양 주위를 일정한 속도로 공전한다고 가정한 평균 태양(가짜 태양)을 기준으로 삼은 것이다.

문제는 또 있다. 지구의 자전 속도가 어림잡아 시속 1,600킬로미터인데, 이 숫자는 절대불변의 진리가 아니다. 실제로는 날이 갈수록 조금씩 속도가 느려진다. 하루에 백만 분의 17초, 만 년에 0.2초씩 느려지고 있다.

지구의 자전 속도가 느려진다는 것이 무슨 뜻일까? 그것은 곧 하루의 길이가 길어진다는 뜻이다. 4억 년 전에는 하루가 22시간밖에 되지 않았다. 3억 년 전에는 22시간 30분으로 늘어났고, 지금은 대략 24시간이 되었다. 앞으로도 지구의 자전 속도가 계속 느려지면서 하루의 길이는 점점 늘어날 것이다. 이렇게 하루의 길이는 변하는 반면, 1년의 길이는 변하지 않는다. 지구의 공전 속도에 영향을 미칠 만한 요인이 없기 때문이다.

그렇다면 하루가 22시간이던 4억 년 전에도 1년은 365일이었을까? 그때는 1년이 대략 400일 정도였다. 3억 년 전의 1년은 390일이었던 것으로 드러났다. 도대체 사람들은 4억 년 전의 하루가 몇 시간이었는지, 일 년이 며칠이었는지 어떻게 알아낸 것일까?

비밀은 뜻밖에도 바닷속 산호가 품고 있다. 산호는 식물성 플랑크톤과 상호 작용을 주고받으며 성장하기 때문에 자신의 몸속에

〈사진 2-15〉 **현생 산호와 산호 화석**

광합성의 흔적을 남긴다. 낮과 밤의 성장 속도가 달라 하루가 지날 때마다 나무의 나이테 같은 줄무늬가 생기는데, 여름에는 그 간격이 길고 겨울에는 좁아진다. 그 간격을 분석하면 어디서 어디까지가 1년인지를 알 수 있고, 그 1년 안에 몇 개의 줄무늬가 있는지를 세면 1년이 며칠이었는지를 알 수 있다.

미국 아이오와 주립대학과 코넬 대학의 교수를 지낸 존 웰스(John West Wells, 1907~1994)라는 고생물학자는 평생을 산호의 연구에 바치다시피 한 인물이다. 이분이 고생대의 한 시기인 데본기 중기에 해당하는 4억 년 전의 산호 화석을 분석한 결과, 위에 말한 것처럼 그때는 1년이 400일이었음이 밝혀졌다. 대단하지 않은가? 세상에는 머리 좋은 사람들이 참 많은 것 같다.

윤초 이야기를 하려고 여기까지 왔는데, 다시 돌아가서 비록 지극히 짧은 순간이고 미세한 차이이기는 하지만 시간이 이렇게 오락가락해서는 곤란한 분야들이 있다. 특히 항공우주, 금융, 정보기술 등의 영역에서는 0.1초에 목숨을 거는 사람들이 한둘이 아니다. 그래서 원래는 지구와 태양의 움직임에 기초해 결정되던 시간의 길이를, 그보다 더 정확하고 오차가 없는 기준으로 대체할 필요성이 생겼고 이렇게 해서 원자시계라는 것이 생겼다. 말하자면 '1초'의 정의가 바뀐 셈인데, 새로운 정의에 따르면 1초란 '세슘 원자가 진공에서 방출한 빛이 91억 9263만 1770번 진동한 시간'이다. 좀 더 자세히 설명하고 싶지만 일단 여기서는 1967년부터 1초의 정의가 이렇게 바뀌었다는 사실만 기억하고 넘어가자.

이렇게 기준이 바뀌었다는 사실은 역으로 옛날 기준과 새로운 기준 사이에 오차가 발생한다는 뜻이다. 이 오차를 보정하기 위해 생각해낸 것이 바로 윤초(閏秒)다. 한 마디로 원자시계보다 지구의 자전에 근거한 시계가 더 늦게 가니, 그 차이가 어느 정도 이상으로 벌어지면 인위적으로 1초를 늘려서 그 오차를 메꾸겠다는 발상이다.

지구와 태양의 움직임이 생각보다 불규칙한지, 언제 윤초를 둔다는 원칙이 정해져 있지는 않다. 오차가 많이 벌어진다 싶으면 그때그때 상황을 봐서 윤초를 넣곤 하는데, 이 개념이 처음 도입된 1972년 이후 2015년 7월까지 모두 26초의 보정이 이루어졌다. 우리나라에서는 2015년 7월 1일 오전 8시 59분 59초와 오전 9시 0분 0초 사이에 1초가 더 들어가 오전 8시 59분 60초라는 시간이 생긴 바 있다.

자전 속도가 느려진다고?

지금까지 살펴보았듯이, 지구의 자전 속도가 느려지는 것은 이미 널리 알려진 사실이다. 오죽하면 '1초의 정의'를 수정하기까지 했을까. 그런데 가만히 생각을 해보면 조금 기분이 이상해진다. 이런 식으로 자전 속도가 느려지다가는 언젠가 지구가 아예 멈춰 서는 날이 오지 않을까? 지구의 자전이 멈추면 그저 윤초를 넣는 것 정도로 해결될 문제가 아닐 텐데, 정확히 어떤 일이 벌어질까?

그 이야기를 하기에 앞서, 지구의 자전이 느려지는 이유를 먼저 짚고 넘어가는 게 순서일 듯하다. 지구의 자전을 늦추는 주범을 하나만 꼽으라고 한다면, 범인은 바로 달이다. 지구와 비교할 때 달은 크기나 질량 등 모든 면에서 경쟁 상대가 되지 못한다. 하물며 태양이 지구에 미치는 영향과 비교하면 달의 존재감은 더욱 떨어진다. 그러나 달은 지구와의 거리가 태양보다 훨씬 가깝다는 결정적인 이점을 안고 있다. 달은 지구의 인력에 붙잡혀 마르고 닳도록 그 주위를 도는 위성임에도 불구하고, 그 자신도 질량을 가진 천체인 이상 나름의 인력을 가지고 있다. 그리고 그 인력은 지구에게 생각보다 훨씬 큰 영향을 미친다.

달의 인력은 지구를 통째로 끌어당길 만큼 강력하지 못하다. 또한 고체인 육지는 고정되어 있어서 별 영향을 받지 않는다. 그러나 액체인 물로 이루어진 바다의 경우는 이야기가 달라진다. 달의 인력이 작용하는 부위의 바닷물은 불룩하게 부풀어오를 정도의 힘을 받는다. 그 반대편의 바다 또한 지구의 자전으로 인해 발생하는 원심력 때문에 비슷하게 부풀어오른다. 이것이 바로 지구의 바다에 밀물과 썰물이 생기는 원리다. 이렇게 양쪽의 바닷물이 부풀어올라 불룩해진 상태로 지구가 자전을 하다 보니, 자전 방향의 반대쪽으로 마찰력이 작용한다. 쉽게 말해서 달의 인력이 지구의 자전에 끊임없이 브레이크를 걸고 있는 셈이다. 그 결과 아주 미세하지만 지구의 자전 속도는 점점 느려지고 있다.

그럼 위에서 우리가 떠올린 두 가지 의문으로 돌아가 보자. 첫 번째 의문의 답은 비교적 간단하다. 계산상으로 지구의 자전 속도는 점점 느려져 앞으로 75억 년 후에 자전을 멈춘다. 물론 지구는 그

전에 수명을 다해 사라질 테니, 아무리 명이 긴 사람도 지구의 자전이 멈추는 현장을 직접 목격하지는 못할 것이다.

두 번째 의문, 지구가 자전을 멈추면 어떤 일이 벌어질까? 이 의문의 답은 더 간단하다. 한 마디로, 인류는 망한다. 낮과 밤이 바뀌지 않고 지구 자기장이 사라져 태양풍이 그대로 쏟아져 들어오고, 적도의 바닷물이 극지방으로 이동해 얼음을 녹이고…… 일일이 열거하기조차 힘들 만큼 엄청난 변화가 일어나 지구는 도저히 사람이 살 수 없는 곳이 되어 버린다.

하지만 다행인지 불행인지, 우리는 적어도 지구 자전이 멈춤으로 해서 인류가 멸망할 걱정은 하지 않아도 된다. 위에 말한 대로 지구는 어차피 그때까지 살아남지 못할 것이기 때문이다. 이렇게 말하면 어떤 이들은 왜 그렇게 비관적이냐고, 도대체 무슨 근거로 지구가 망할 것으로 단정하느냐고 되묻는다. 물론 나도 우리 후손들이 대대손손 이 아름다운 지구에서 영원히 살아갔으면 좋겠다. 하지만 세상에 영원한 것은 없다. 더욱 안타까운 것은 지구의 운명을 지구 스스로 결정할 수가 없다는 점이다.

지구의 운명

지구의 운명을 좌우하는 것은 태양이다. 태양이 무슨 억하심정이 있어 지구를 망하게 한다는 뜻이 아니라, 설령 지구가 다른 모든 변수에도 불구하고 살아남는다 해도 태양의 최후를 극복할 방법은 없다는 이야기를 하는 것이다.

우주의 질서가 유지되느냐 변화하느냐에 가장 중요한 요소는 인력인데, 그 인력에 가장 크게 영향을 미치는 요인은 질량이다. 태양계에서 태양이 차지하는 질량의 비율은 99.9퍼센트에 이른다. 이는 태양계를 유지하는 힘은 전적으로 태양에 의존한다는 뜻이다.

새로운 밀레니엄을 앞두고 한때 이른바 그랜드 크로스라 해서 태양계의 행성들이 십자가 모양으로 정렬되거나 혹은 모든 행성과 태양이 한 줄로 늘어서는 행성 직렬의 예언이 현실화되면 각 행성들의 인력이 중첩되어 결과적으로 지구가 멸망한다는 괴담이 유행했다. 하지만 1999년과 2000년에 각각 그랜드 크로스와 행성 직렬이 나타났음에도 불구하고 지구에는 아무런 이상도 없었다. 물론 행성들 사이에도 인력이 작용하기는 하지만, 그 힘은 태양과 각 행성들 사이에 작용하는 힘에 비하면 무시할 정도로 작다.

그렇다면 태양의 수명은 얼마나 남아 있을까? 계산은 비교적 간단하다. 태양 에너지는 수소 4개가 반응하여 1개의 헬륨으로 만들어지는 과정에서 발생하는 에너지다. 현재 태양의 질량과 1초에 소모되는 수소의 질량을 바탕으로 계산해 보면, 앞으로 약 50억 년은 거뜬히 버틸 수 있다.

태양은 우리 태양계에서 절대 권력을 휘두르는 왕초 노릇을 하지만, 사실은 지극히 평범하고 흔한 별 가운데 하나일 뿐이다. 크기와 밝기는 중간, 아니 중간에도 못 미친다. 별은 우주 공간에 있는 성운이라 부르는 가스가 뭉쳐져서 만들어지는데, 처음에 뭉쳐지는 가스의 양이 그 별의 앞날을 좌우한다. 많은 양이 뭉치면 수명이 짧고, 반대로 적은 양이 뭉치면 수명이 길다. 즉, 별은 질량이 클수록 밝지만 수명은 짧다.

별의 일생을 보면 신기하리만치 사람의 일생과 비슷하다. 성운이 모여 별이 만들어지는 기간은 아기가 어머니의 뱃속에 있는 기간에 비유된다. 일단 별이 만들어지면 대부분의 기간을 크기와 밝기가 변하지 않고 안정적으로 보내는데, 이때의 별을 주계열성이라 부른다. 사람으로 보면 태어나서 죽음에 앞서 아프기 시작할 때까지의 기간이다.

별은 대부분의 생애를 주계열에서 보낸 후 질량에 따라 서로 다른 말년을 맞이하는데, 질량이 태양보다 크면 거성 또는 초거성을 거쳐 중성자별이나 블랙홀로 일생을 마친다. 반면 태양보다 질량이 작은 별들은 가지고 있는 수소의 핵융합 반응이 모두 끝나면 그것으로 일생을 마감하게 된다. 즉, 연료로 사용할 수소가 떨어지면 더 이상 빛을 내지 못하고 항성으로서의 생명을 다한다는 이야기다. 그러나 질량이 태양 정도 되는 별은 수소가 변해서 만들어진 헬륨까지 반응시킬 온도를 가지고 있기 때문에, 헬륨 핵융합 반응을 거치면서 수십 배가 부풀어올라 '적색 거성'으로 변신한다. 이윽고 헬륨마저 떨어지면 다시 쪼그라들어 '백색 왜성'으로 일생을 마감한다.

우리 태양 역시 앞으로 50억 년 후면 주계열이 끝나고 거성 단계의 별로 변화하는데, 그때가 바로 지구 최후의 날이다. 어떤 이는 그 과정에서 태양의 인력이 커져 지구가 태양으로 끌려갈 것이라고 하고, 어떤 이는 태양이 지금의 지구 공전 궤도 근처까지 부풀어

올라 말 그대로 지구를 삼켜 버릴 것으로 전망하기도 한다. 이러거나 저러거나, 태양계에 작용하는 힘의 균형이 깨어지는 순간 지구의 수명이 다한다는 점에는 변화가 없다. 그때까지 인류가 존재할수 있을지도 의문이지만, 설령 그렇다 하더라도 지구와 함께 인간의 운명도 다할 것이다.

일식과 월식

2009년 7월 22일. 이날 나는 가족과 함께 중국 상하이에 있었다. 순전히 개기일식을 보기 위해 온 식구가 비행기를 타고 중국으로 건너간 것이다. 원래는 내가 지도하던 천문 동아리 학생들을 인솔해 가는 참에 덤으로 우리 가족을 데려갈 예정이었지만, 적지 않은 시간과 비용이 드는 탓에 참가 희망자가 달랑 세 명밖에 없어 우리 식구 네 명에 그 세 명의 학생이 합류한 모양새가 되었다.

개기일식. 18년 동안 과학 교사를 하면서 그 원리와 현상을 수도 없이 학생들에게 가르쳤지만, 정작 내 눈으로 직접 개기일식을 목격한 것은 2009년의 상하이가 처음이었다. 그 충격과 공포는 지금도 뇌리에 생생하다.

일식이라고 해봤자 해가 달에 가려 안 보이는 현상일 뿐인데, 고작 그 정도 가지고 충격과 공포를 운운하다니 과장이 지나치다고 생각할지도 모르겠다. 분명히 단언컨대, 한번이라도 그 현장을 직접 목격한 사람이라면 절대 그런 말은 하지 못할 것이다.

〈사진 2-16〉 **상하이의 개기 일식**

일식 진행 전후의 밝기에 주목하자(사진은 시간 순)
1. 일식 시작 전   2. 개기 일식 시작 직전(인터넷으로 실시간 확인)
3. 개기 일식 진행 중   4. 일식 끝난 후(학생들과)

　어쩌면 과정이 극적이라 더욱 감동적이었는지도 모른다. 당일 새
벽, 숙소를 나설 때만 해도 주룩주룩 비가 내렸다. 비가 오면 일식
아니라 일식 할아버지가 와도 말짱 도루묵이다. 다행히 관측지에
도착했을 무렵 비가 그치며 짙은 구름 사이로 태양이 모습을 드러
내기는 했는데, 곳곳에 시커먼 먹구름들이 도사리고 있어 언제 또
그놈들이 해를 가릴지 모르는 상황이었다.

　이윽고 카운트다운이 시작되었다. 텐, 나인, 에잇…… 제로! 순간

사방이 칠흑처럼 어두워지는가 싶더니 길가의 가로등에 불이 파팍 켜졌다. 누군가 일식에 맞춰서 일부러 불을 켠 것이 아니라, 센서로 작동되는 가로등이 자동으로 켜질 만큼 주위가 완전히 캄캄해진 것이다. 나는 솔직히 아무리 개기일식이라 해도 그저 어두컴컴한 정도지 이렇게까지 완전히 캄캄해질 거라고는 꿈에도 생각하지 못했다.

해가 90퍼센트, 아니 99퍼센트 가려질 때까지만 해도 어둑어둑하기는 해도 아주 캄캄하지는 않았다. 그러나 100퍼센트가 가려지는 순간, 마치 밀폐된 방안에서 누가 전등을 끄기라도 한 것처럼 갑자기 온 세상이 사라져 버렸다. 태양빛의 위력은 마지막 1퍼센트와 0퍼센트가 완전히 다른 세상으로 느껴질 만큼 엄청났다. 자연 현상이 이토록 사람을 흥분시킬 수 있다는 사실을 새삼 실감하는 순간이었다.

물론 개기일식으로 해가 백 퍼센트 가려져도 날씨가 맑으면 코로나 때문에 완벽한 암흑 천지가 되지 않는 경우도 있지만, 그렇다고해서 그 신비로움이 반감되는 것은 아니다.

개기일식의 희소성

다들 아시다시피 일식은 달에 의해 해가 가려지는 현상이다. 태양과 달과 지구가 각기 자전과 공전을 거듭하며 돌다 보면 셋이서 일직선상에 오는 경우가 생기고, 그러면 해가 달에 가려 보이지 않

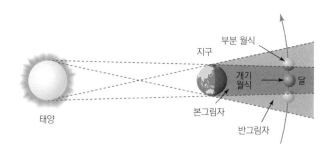

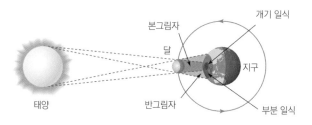

〈그림 2-14〉 **일식과 월식이 생기는 원리**

는 경우도 생길 것은 어찌 보면 당연한 일이다. 달이 한 달에 한 번 지구 주위를 돌고 있으니, 평면적으로 생각하면 한 달에 한 번은 달이 지구와 태양 사이에 들어와 해를 가려야 정상이다.

하지만 안타깝게도 우주는 평면이 아니라 입체다. 태양이 움직이는 궤도, 즉 황도와 달이 움직이는 궤도인 백도(복숭아 통조림 이야기가 아니다)는 5도가량 어긋나 있기 때문에 한 달에 한 번씩 정기적으로 일식이 생기지는 않는다. 이 5도의 어긋남 때문에 계산상으로는 지구상 어딘가에서 개기일식을 관측할 수 있는 주기가 18개월에 한 번으로 늘어난다.

더욱 안타까운 것은 지구에 도달하는 달의 그림자가 직경으로 따져서 약 150킬로미터밖에 되지 않는다는 점이다. 지구 전체 면적에서 직경 150킬로미터라면 거의 점 수준에 불과하다. 게다가 지구에서 바다가 차지하는 면적이 70퍼센트라는 점을 고려하면 내가 사는 땅에서 개기일식을 구경할 수 있는 확률은 더욱 줄어든다. 사정이 이러니, 한국에서 마지막으로 개기일식이 관측된 해는 1887년까지 거슬러 올라가야 하는 것도 무리가 아니다. 앞으로 다가올 가장 가까운 개기일식이 2035년으로 예정되어 있으니 그 간격은 거의 150년에 이른다.

심지어는 하필 그날 날이 맑아야 하고, 심지어는 하필 그날 내가 직경 150킬로미터의 점 안에 들어가 있어야 한다. 실제로 2035년 9월 2일 오전 9시 40분에 한반도를 찾아오기로 예정된 개기일식은 150킬로미터의 달그림자 대부분이 평양과 원산 등 북한 지방에 편중될 전망이다. 그 전에 통일이 되면 상관없지만, 만약 그렇지 않다면 남한 땅에서는 강원도 고성군의 아주 작은 일부 지역에서만 이 장엄한 우주쇼를 구경할 수 있다. 그러니 살아생전에 한 번이라도 내 눈으로 직접 개기일식을 본다는 것은 엄청난 행운이 아닐 수 없다. 내가 길어야 6분, 짧게는 30초 만에 끝나 버리는 개기일식을 보겠다는 일념으로 없는 살림에 식구들까지 다 데리고 상하이까지 날아간 이유가 바로 이것이다.

1973년에는 과학자들이 좀 더 면밀하게 일식을 관찰하기 위해 당시 세계에서 제일 빠른 여객기로 꼽히던 콩코드기를 전세 내어 1만7천 미터 상공으로 올라간 뒤, 달그림자를 쫓아 날아가며 무려 74분 동안 일식을 관측했다는 기록이 남아 있기도 하다.

개인적으로 나는 평생 한 번 보기도 힘든 개기일식을 또 한 차례 관측할 수 있는 절호의 기회를 앞두고 벌써부터 가슴이 설레는 중이다. 2017년 8월 21일, 아주 제대로 된 개기일식이 태평양 연안부터 대서양까지 미국 전역을 가로지를 예정이기 때문이다.

이미 몇몇 과학 단체에서 이른바 '일식 원정대'를 모집해 미국까지 날아갈 계획을 세우고 있는 모양인데, 특히 내가 평소에 즐겨 듣는 과학 전문 팟캐스트에서는 200명에 달하는 대규모 원정을 준비하고 있다 한다. 항공료 포함한 비용이 일인당 350만원 정도인데, 일단 가보면 절대로 이 돈이 아깝지 않다는 사실을 실감하리라고 장담한다.

해를 품은 달

지금의 우리는 일식을 장엄한 우주쇼니 뭐니 하면서 열광하지만, 사실 옛날에는 동서양을 불문하고 일식을 불길한 징조로 받아들이는 분위기가 지배적이었다. 특히 태양을 임금과 동일시하는 문화권에서는 일식을 태양이 달한테 갉아 먹히는 것으로 보고 왕권에 대한 심각한 위기가 찾아오는 것으로 해석하기 일쑤였다. 〈삼국사기〉에도 일식을 미처 예측하지 못한 천문관이 파면된 사례가 여러 건 등장한다. 반대로, 똑똑한 천문관을 둔 왕은 위기를 기회로 바꿀 수도 있었다. 조만간 달이 해를 삼키는 괴변이 일어날 거라고 위기의식을 조장한 뒤, 어차피 몇 분 안에 끝날 일식 현상을 자신의 초인적인 능력으로 극복했다며 반대파를 쓸어버리는 경우다.

지금은 컴퓨터 시뮬레이션이 워낙 좋아서 일반인도 얼마든지 일식과 월식을 예측할 수 있다지만, 변변한 망원경조차 없던 옛날 사람들이 그런 자연 현상을 알고 있었다는 사실 자체가 신기하다. 실제로 기원전 640년에 태어난 고대 그리스 철학자 탈레스가 기원전 585년 5월 28일에 일식이 나타난다는 사실을 정확히 예측했다는 기록이 남아 있다.

탈레스 이야기가 나와서 말인데, 서양철학사를 공부한 사람의 기억에 어렴풋이 남아 있을 이 철학자가 이집트 피라미드의 높이를 알아낸 일화는 정말 간단하면서도 신기하다. 나 같은 사람한테 별다른 장비 없이 피라미드의 높이를 알아내라고 하면 줄자를 들고 꼭대기까지 뛰어 올라갈 생각부터 했을 것이다. 하지만 탈레스는 피라미드 옆에 기다란 막대기를 하나 꽂아 놓고 느긋하게 앉아서 막대기의 길이와 그 막대기 그림자의 길이가 같아지기를 기다렸다. 바로 그 순간의 피라미드 그림자의 길이를 재면, 그것이 피라미드 꼭대기의 높이와 일치할 것은 듣고 보면 너무나도 당연한 이치인데, 그 당연한 이치를 혼자 힘으로는 스스로 깨우치지 못하는 내 머리가 애석할 따름이다.

태양 = 달?

태양계에는 퇴출된 명왕성을 빼고 여덟 개의 행성이 있는데, 그 중에서 지구보다 태양과 가까운 수성과 금성을 내행성이라고 하고 그밖의 나머지를 외행성이라 한다. 외행성이야 그렇다 하더라도, 내행성인 수성과 금성은 지구와 태양을 잇는 직선 안으로 들어와 일식이나 월식과 비슷한 현상을 가져올 수 있지 않을까?

금성이 태양을 가리는 경우가 더러 있지만, 태양에 비해 금성이 워낙 작은 관계로 그저 조그만 점 하나가 지나가는 것으로밖에 보이지 않는다. 수성은 아예 육안으로 보이지도 않는다.

그에 비해 개기일식 때 달이 태양을 완전히 가린다는 말은 곧 달의 크기가 태양보다 크거나 같다는 뜻이다. 설마 그럴 리가. 태양의 지름은 대략 140만 킬로미터쯤 된다. 달의 지름은 3,474킬로미터다. 태양이 달보다 약 400배 크다. 반면 지구에서 태양까지의 거리는 약 1억5천만 킬로미터, 지구에서 달까지의 거리는 약 38만4천 킬로미터다. 태양이 달보다 약 400배 멀다. 공교롭게도 400배 큰 태양이 400배 멀리 떨어져 있다 보니, 지구에서 볼 때는 태양과 달의 크기가 거의 똑같다.

어떤 물체의 실제 크기가 아니라 우리 눈에 보이는 크기를 각도로 나타낸 값을 '시직경'이라고 하는데, 우리가 손을 앞으로 쭉 뻗었을 때 새끼손가락 하나 정도의 굵기가 1도, 가운데 세 손가락을 모으면 5도, 주먹을 쥐면 10도, 집게와 새끼손가락을 쫙 벌리면 15도 정도에 해당한다. 태양과 달의 시직경은 0.31도로 거의 같다. 태양도, 달도 시직경 1도짜리 새끼손가락을 뻗으면 완전히 가려져서 보이지 않는다.

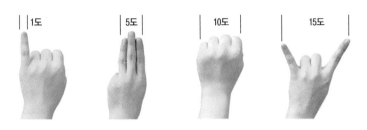

〈그림 2-15〉 **손가락으로 각도 측정하는 법** (출처-금성, 지구과학교과서 편집)

[천구상 태양의 이동 거리(시간)나 별 사이의 거리를 측정하는데 편리하다.]

실제 크기는 400배나 차이가 남에도 불구하고 우리 눈에는 똑같은 크기로 보인다는 것은 우연이라고 하기에는 꼭 무슨 특별한 사연이 숨어 있을 것만 같지만, 그 사연까지는 나도 모른다. 그저 우리 눈에 보이는 태양과 달의 크기가 신기하리만치 똑같기 때문에 (아주 드물게라도) 개기일식을 볼 수 있다는 사실이 감사할 뿐이다.

자, 이 시점에서 간단하게 정리를 하고 넘어가자. 일식은 달이 태양을 가리는 현상이고 완전히 가리면 개기일식, 조금만 가리면 부분일식, 하필이면 달이 작게 보일 때 해를 가려 태양 주위로 금반지같은 고리가 나타나면 금환일식, 개기일식과 금환일식이 함께 나타날 때는 혼성일식(하이브리드 일식)이라 부른다.

반대로 월식은 지구의 그림자 때문에 보름달이 사라지는 현상이다. 태양이 지구에 비해 엄청 더 크기 때문에 지구는 아주 짙고 선명한 본그림자와 상대적으로 옅은 반그림자를 드리운다. 달이 지구의 본그림자 속으로 들어가 달이 완전히 가려질 때는 개기월식, 조금만 가릴 때는 부분월식, 달이 반그림자 속에 들어가 희미하게 보일 때는 반영월식이라고 한다.

일식은 달의 그림자가 비치는 지구상의 특정한 지점에서만 나타나는 반면, 월식이 생기면 낮이 아닌 한 지구상 어디서나 볼 수 있다. 또한 지속 시간도 길어야 7분 남짓인 일식에 비해 월식은 약 1시간 40분 가까이 지속된다.

마지막으로 보너스 하나. 우리는 보름달 속에서 방아 찧는 토끼의 모습을 보지만, 앞의 사진을 보면 똑같은 달을 놓고 이렇게 다

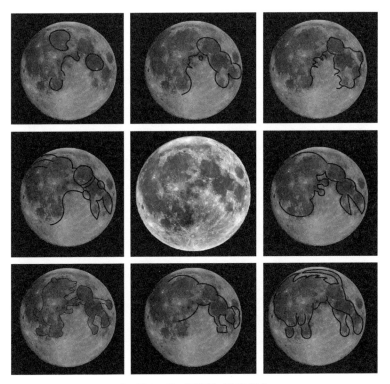

〈그림 2-16〉 **재미있는 달의 모습**

[가운데 보름달에 초점을 맞추고 눈을 지그시 감으면서 찾아보자.
왼쪽 위에서부터 시계방향으로 남자얼굴 / 여자얼굴A / 여자얼굴B / 방아찧는 토끼 또는 게 /
사자 / 책 읽어주는 엄마 / 곰과 아이 / 당나귀 닮은 모습이다.]

양한 모습을 연상한다는 것이 재미있다. 잘 안 보이면 눈을 지그시 감고 실눈을 뜬 채 마음속으로 그려보면 보인다.

3장 —

공룡에서 맥반석까지

1

새로운 여행의 시작

유럽을 떠나기 전날, 프랑스 파리에서 그동안 우리의 발이 되어 준 자동차를 반납했다. 거리계에는 13,887킬로미터가 찍혀 있었다. 일반적으로 직장인들이 출퇴근을 하고 가끔씩 여행도 다니면서 1년 동안 타는 거리가 2만 킬로미터 정도 된다고 보면, 우리는 석 달 동안 꽤 부지런히 돌아다닌 셈이다. 그날 저녁 세느 강에서 유람선을 타고 파리의 야경을 보는 것으로 세계 일주의 1단계를 마무리했다.

북미 대륙으로 넘어온 뒤 우리의 세계 일주는 조금 양상이 달라졌다. 캐나다 온타리오 주의 런던(영국 런던이 아니다)이라는 도시에 집을 하나 구해 아예 장기전으로 들어간 것이다. 원래 계획은 우리 가족 모두 공부를 하는 것이었다. 영어 교사였던 아내와 아들은 학교에 바로 들어갔지만 난 아직도 언제 제대로 공부를 시작할지 모르는 상태다. 왜냐고? 그놈의 영어 때문이다. 영어에 대해서 얘기하자면 따로 책을 한권 써야 할 판이다. 와보면 안다.

공룡 박물관

아무튼 우리는 캐나다에 정착한 뒤에도 틈만 나면 여행길에 나섰다. 차를 몰고 비행기를 타고 혹은 기차를 타고 북미 대륙을 횡단하는 여정만 서너 차례에 이른다.

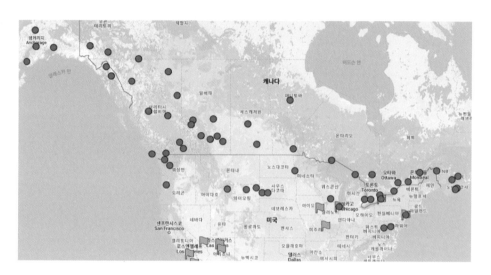

〈지도 3-1〉 **북미 대륙 여행지**

캐나다는 땅이 워낙 넓어 상상을 초월하는 볼거리가 많지만, 그중에서도 유독 나의 시선을 끈 곳이 바로 앨버타의 로열 티렐 박물관이다. 영연방 소속이라 공식적으로 영국의 엘리자베스 2세 여왕이 국가 원수로 되어 있는 캐나다에서는 일단 '로열(royal)'이라는 단어가 들어가면 최상급 레벨에 포함된다고 봐도 된다. 캐나다의 지질학자로, 앨버타에서 처음으로 공룡 화석을 발견한 조지프 티렐

⟨사진 3-1⟩ **공룡 박물관과 공룡 공원**

1. 공룡 박물관(Royal Tyrell Museum) 2. 박물관에 전시되어 있는 공룡 화석
3. 알버타 주 공룡 공원(Dinosaur Provincial Park) – 캐나다 배드랜드
4. 지층 중앙에 보이는 공룡 뼈 화석

(Joseph Tyrell)의 이름을 딴 로열 티렐 박물관은 세계에서 제일 큰 공룡 박물관으로 유명하다.

우선, 이 박물관으로 가는 길의 풍광부터가 심상치 않다. 원래 캐나다 서쪽 끝의 브리티시컬럼비아 주에서 로키 산맥을 넘어 앨버타 주로 접어든 다음부터는 변변한 언덕 하나 없이 평평한 평원이 끝없이 펼쳐진다. 그러나 앨버타 남부의 가장 큰 도시 캘거리에서 동북쪽으로 1시간 반 가량을 달리면 슬슬 분위기가 음산해지면서 드럼헬러라는 조그만 마을이 나오는데, 이름에 지옥을 뜻하는 hell이라는 단어가 들어가서 그런지 모르지만 이 드럼헬러 주변은 마치 그랜드 캐니언의 한복판에 들어온 것처럼 왠지 무시무시한 느낌을 준다. (사실 드럼헬러라는 지명은 hell하고는 아무 관계도 없다. 1900년대 초에 이 부근의 땅을 사들여 석탄 광산을 만든 새뮤얼 드럼헬러(Samuel Drumheller)라는 인물의 이름을 딴 지명일 뿐이다.)

이 지역을 일컫는 별칭이 배드랜드(Badlands)인 것도 무리가 아니다. 이 배드랜드라는 단어는 말 그대로 '황무지'를 뜻하는 보통명사로 쓰일 때도 있지만, B를 대문자로 쓰면 특정 지역의 고유명사가 되기도 한다. 미국 사우스다코타 주 래피드시티 부근의 90번 고속도로 남쪽에 있는 배드랜즈 국립공원이 대표적이지만, 그밖에도 미국의 와이오밍 주, 스페인과 아르헨티나 등에도 배드랜즈라는 이름이 붙은 지역이 있다.

하지만 캐나다 앨버타 주의 드럼헬러 부근이 다른 배드랜드와 차원이 다른 것은, 지금도 공룡 화석이 무더기로 발견되는 세계적으로 희귀한 지역 가운데 하나이기 때문이다. 심지어는 지질학자도 생물학자도 아닌, 일반인 소녀가 놀러 왔다가 우연히 공룡 알을 발견하는 바람에 화제가 되기도 했다.

또한 거기서 남동쪽으로 약 1시간 정도 거리에는 드럼헬러 못지않게 많은 공룡 화석이 발굴된 곳이 있다. 1979년에 유네스코 세계자연유산으로 등재된 앨버타주립공룡공원인데, 역시 배드랜드의 지층들이 넓게 노출된 곳이다.

화석의 조건

이런저런 정황으로 미뤄볼 때 캐나다 앨버타 지역이 공룡들의 인구 밀도(?)가 아주 높았다는 사실은 어렵지 않게 추론할 수 있다. 그러나 공룡이 많이 살았다고 해서 공룡 화석이 많이 발견되는 것은 아니다. 비근한 예로, 우리나라도 '공룡들의 천국'이라 불릴 만큼 공룡들이 많이 산 지역으로 손꼽히는 곳 가운데 하나지만 이곳 드럼헬러처럼 공룡 한 마리의 화석이 통째로 발견된 적은 없다. 대신 우리나라에는 공룡 발자국 화석이 많다.

그 이유는 공룡이든 다른 생물이든 화석이 되기 위한 조건이 굉장히 까다롭다는 점을 꼽을 수 있다. 첫째, 죽은 직후에 혹은 산 채로 순식간에 매몰되어야 한다. 일단 생명체가 죽은 후에 시간이 지나면 부패하거나 다른 짐승의 먹잇감이 되어 사라져 버린다. 더구나 바다가 아니라 육지에서 생활한 생물의 경우는 더욱 확률이 떨어진다.

공룡의 경우를 예로 들어보자. 육지에 사는 공룡은 특별한 이변이 없는 이상 육지에서 죽었을 것이고, 죽고 나면 자연스레 부패되고 말았을 것이다. 이 대목에서 약간의 상상력을 발동해볼 필요가 있다. 어느 공룡이 물을 마시러 강이나 호숫가로 내려왔다가 미끄러져 그만 물에 빠졌는데, 거의 그와 동시에 상류에서 엄청난 퇴적물이 밀려 내려와 그 공룡을 덮어 버렸다. 혹은 갑자기 산사태가 나서 미처 피할 틈도 없이 묻혀 버렸다.

이런 식으로 당사자 입장에서는 억세게 재수 없는 경우가 아니라면 제대로 된 공룡 화석이 남지 않는다. 부분적으로 발견되는 공룡 화석의 대부분은 육지에서 죽은 후 한동안 썩어가다가 빗물에 휩쓸려 삼각주 같은 곳의 모래 속에 묻힌 경우다.

다음으로, 단단한 껍질을 가진 생물일수록 화석으로 보존될 확률이 높다. 화석 가운데 제일 흔한 것 중 하나가 조개 화석인데, 조개의 경우는 스스로의 힘으로 이동하는 능력이 제한적이라 살던 곳이 곧 무덤이 되는 경우가 많다. 거기다 껍질까지 단단하니 더욱 화석이 되기에 유리하다. 화석이 되기 위해서는 화석화 과정을 거쳐야 하는데 그것은 특별한 경우가 아니면 자동적으로 이루어진다. 즉, 오랜 세월 썩지 않으면 그들을 덮은 흙과 함께 암석으로 변해 가는데 그 과정에서 뼈의 성분은 흙의 성분으로 치환되며 외부 형태나 내부 조직은 그대로 유치된 채 단단한 암석이 되는 것이다.

나도 대학원 시절에 지질 탐사를 나갔다가 우연히 공룡 뼈 화석을 발견한 적이 있는데, 그때 한 친구가 곰탕을 끓여 먹자고 해서

기겁을 했다. 뼈 화석은 뼈가 아니라 돌이기 때문이다. 실제로 옛날 중국 황제들은 몸에 좋다는 소문을 믿고 용의 뼈라고 알려진 화석을 구해 삶아 먹었다는 기록이 남아 있다.

공룡의 멸종

그렇다면 공룡은 언제, 어떻게 멸종되었을까? 반드시 일치하는 것은 아니지만, 지질 시대를 구분하는 기준으로 대규모의 멸종을 꼽는 학자들이 있다. 지구가 탄생한 뒤로 지금까지 대략 다섯 차례의 대멸종이 발생했는데, 그 가운데 가장 피해 규모가 컸던 것은 세 번째에 해당하는 페름기 대멸종이다. 이때 전체 생물의 96퍼센트가 사라졌다고 하니, 그 이후 지구의 생명은 사실상 새로 시작되었다고 해도 과언이 아닐 것이다. 하지만 약 2억 5천만 년 전인 이 시기에 멸종한 생물 중 삼엽충 외에는 생소한 이름이 대부분이다. 하지만 6천 5백만 년 전, 중생대 백악기말의 이른바 K-T 대멸종은 상대적으로 규모는 작지만 우리에게 친숙한 공룡이 사라졌기 때문에 많은 사람들의 관심을 끌기에 충분하다.

우선 K-T라는 명칭부터 살펴보자. 백악기를 독일어로 Kreidezeit라고 하고 신생대의 고(古)제3기(팔레오기)를 영어로 Tertiary라고 한다. 따라서 K-T 대멸종이라고 하면 중생대 백악기와 신생대의 제3기의 경계가 되는 사건을 의미한다. (혹은 고제3기의 또 다른 이름인 Paleogene에서 P와 G를 빌려와 K-Pg 멸종이라고 부르기도 한다.)

바로 이 K-T 대멸종 때 지구상에서 공룡이 사라졌다. 우리 중에서 살아 있는 공룡을 직접 본 사람은 아무도 없겠지만, 묘하게도 공룡은 어떤 생물체보다 친근하게 느껴지고 끊임없이 상상력을 자극한다. 공룡을 소재로 한 소설이나 영화가 수없이 나와 있고, 그래서 그런지 공룡이 왜 멸종했을까 하는 궁금증은 수많은 이론과 가설을 낳고 있다.

지금까지 나온 공룡 멸종과 관련한 가설 중에서는 운석 충돌이 거의 정설로 받아들여지고 있다. 계산을 해보면 지름이 대략 10킬로미터쯤 되는 운석이 지구에 떨어진 것은 맞는데, 다만 그 위치를 둘러싸고 이견이 분분하다. 얼마 전까지는 멕시코의 유카탄 반도가 가장 유력한 후보지로 꼽혔지만, 지금은 태평양 바닥 어딘가를 때린 것으로 추정한다. 그 근거로는 원래 바다 밑에 있어야 할 돌이 K-T 지층에서 발견된다는 점이 꼽힌다. 원래 바다의 돌과 육지의 돌은 근본적으로 다르다. 바다의 돌이 검은 색을 띠는 현무암 계열인데 비해, 육지의 돌은 화강암 계열이 주류를 이룬다.

운석 때문에 공룡이 멸종했다고 하면 거대한 운석이 떨어져 공룡들이 깔려 죽었다고 생각하는 사람들이 있을지 모르지만, 꼭 그런 것은 아니다. 특히 위에 언급한 것처럼 문제의 운석이 바다에 떨어졌다면, 공룡들의 죽음은 그 직접적인 충격보다는 갖가지 연쇄 작용으로 인한 환경 변화가 치명적인 요소로 작용했을 것이다.

흔히 별똥별이라 불리는 조그만 운석들은 지구의 대기권으로 들어오면서 공기와의 마찰 때문에 공중에서 다 타버린다. 개중에 덩치가 큰 녀석들이 지구 표면에 떨어져 소동이 빚어지기도 하는데,

지름이 10킬로미터에 이를 만큼 초대형 운석이 떨어지면 이야기가 달라진다. 이 운석이 지구의 대기권에 들어오면 마찰열로 인해 거대한 불덩어리가 된다. 그로 인해 운석이 가까이 지나간 곳에는 대규모의 화재가 발생했을 것이다. 일차적으로 이 화재로 타죽은 공룡이 꽤 될 것이고, 운석이 바다에 떨어졌다면 거대한 쓰나미가 일어나 물에 빠져 죽은 공룡들도 적지 않을 것이다.

〈그림 3-1〉 **운석 충돌과 공룡 멸종** (출처-금성, 지구과학교과서)

그러나 이렇게 불에 타죽거나 물에 빠져 죽은 공룡은 전체의 극소수에 불과하다. 거대한 운석의 충돌로 인해 지구 곳곳에서 지진이 발생하거나 화산이 폭발했을 것이고, 여기서 나온 화산재와 화재로 생긴 숯검댕이가 공중으로 치솟아 햇빛을 가리면 기온이 급격히 떨어진다. 대부분의 공룡들은 온도가 떨어지면 살아남지 못한다. 세월이 흘러 지구가 점차 안정을 되찾으면, 다시 기온이 올라가면서 기껏 낮은 온도에 적응했던 공룡들이 이번에는 더위를 견디지 못해 죽는다.

그렇다면 과학자들은 직접 보지도 못한 먼 과거의 일을 어찌 이렇게 생생하게 그려낼 수 있을까? K-T 대멸종의 운석 충돌설을 뒷받침하는 결정적인 근거 가운데 하나가 바로 이리듐(Ir)이라는 원소다. 아주 단단해서 잘 닳지 않기 때문에 한때 만년필의 펜촉으로 많이 사용된 이 이리듐은 지구상에서 굉장히 찾아보기 힘든 금속 가운데 하나지만, 우주에서 온 운석에는 많이 포함되어 있다.

따지고 보면 지구도 처음 생길 때 운석들이 뭉쳐서 만들어졌으니 지구에도 다량의 이리듐이 있어야 정상인데, 이리듐은 워낙 무거운 금속이라 깊은 곳으로 다 가라앉아 버렸기 때문에 지각 부근에서는 거의 발견되지 않는다. 하지만 유독 이 이리듐이 다른 곳보다 훨씬 높은 농도로 발견되는 지층이 있는데, 이 지층이 생긴 시기가 약 6천5백만 년 전, 그러니까 공룡을 전멸시킨 소행성이 떨어진 때와 대략 비슷하게 맞아 떨어진다.

인류의 멸종?

공룡의 멸종이 유독 우리의 관심을 끄는 이유는 무엇일까? 공룡이라는 캐릭터 자체가 아기공룡 둘리를 비롯한 각종 문화상품 덕분에 워낙 친숙하게 느껴지기 때문이기도 하겠지만, 사실 그보다 조금 더 진지하게 생각해볼 문제가 있다.

현생 인류가 지구상에 등장한 지 1만 년 정도가 지났다. 그 사이에 인간은 일개 유인원에서 지구의 최상위 포식자로 등극했다. 반면 공룡이 지구의 지배자로 군림한 기간은 무려 1억6천만 년에 달한다. 그 기나긴 세월 동안 무슨 일이 있었을까? 우리가 그랬듯이, 혹시 공룡도 지능이 조금씩 발달해 나름의 문명을 건설한 것은 아닐까? 만화 같은 이야기지만, 그 당시에 고도의 과학 문명을 이룩한 공룡들이 지금까지 살아남아 어딘가에 숨어 있다는 음모론도 있다. 파충류의 모습을 한 그레이라는 이름의 외계인 종족이 사실은 외계에서 온 것이 아니라 공룡의 후손이라는 것이다.

이런 황당한 음모론이 아니더라도, 공룡이 멸종했다는 진술은 사실과 다르다는 주장을 펼치는 이들도 있다. 공룡은 완전히 지구상에서 사라진 것이 아니며, 지금 이 시간에도 우리 곁에서 살아가고 있다는 주장이다. 지금 내가 이 글을 쓰고 있는 캐나다 브리티시 컬럼비아 주의 아보츠포드 시립도서관에서 창밖을 내다보니, 석형강 공룡상목에 속하는 수각류 공룡이 여러 마리 돌아다니고 있다. 우리는 이 현생 공룡을 '새'라고 부른다. 나무위키에 '새' 혹은 '조류' 항목을 검색하면 '날개와 부리가 특징인 석형류 동물이

자, K-T 멸종에서 살아남아 우리와 함께 살아가고 있는 공룡'이라
는 정의를 발견할 수 있다.

현재의 지질 연대를 공식적으로 표기하면 신생대 제4기 홀로세
에 해당한다. 대략 빙하기가 끝난 1만2천 년 전부터 지금에 이르는
시기가 홀로세다. 그런데 일부 학자들 사이에서 지금은 홀로세가
시작된 1만2천 년 전과 같은 시대로 묶기 힘든 세상이 되었으니 새
로운 시대 구분이 필요하다는 주장이 제기되고 있다. 18세기에 산
업혁명이 시작된 이후 오존층에 구멍이 뚫리는 등 지구에 많은 변
화가 일어났고, 그 같은 변화를 일으킨 주범(?)이 인류이기 때문에
이 새로운 시대에 '인류세'라는 이름을 붙여야 한다는 것이다. 사
실 어떤 의미에서 시대 구분은 먼 훗날의 학자들이 결정할 일이지
정작 그 한복판을 살아가고 있는 우리에게는 큰 의미가 없다고 생
각할 수도 있다. 지금이 홀로세에 속하든 인류세에 속하든, 실질적
인 우리의 삶에는 아무런 영향이 없기 때문이다.

하지만 만약 인류세라는 새로운 시대 구분이 합당하다면, 그것
은 다시 말해 오늘날의 우리가 이미 제6차 대멸종의 소용돌이 속으
로 들어섰다는 의미에서 우리의 삶에 아무런 영향이 없다고는 할
수 없다. 백악기 말의 제5차 대멸종을 통해 자취를 감춘 공룡과 마
찬가지로, 인류 역시 멸종의 길을 향해 달려가고 있는지도 모른다
는 뜻이다. 단, 공룡의 멸종이 그들의 의지와는 무관한 외부적인 요
인으로 초래되었다면, 인류의 멸종은 무분별하게 자연을 파괴하는
인류 자신의 행위로부터 비롯된다는 차이가 있을 뿐이다.

최근 들어 생물종이 그 어느 대멸종보다 더 빠른 속도로 줄어들

고 있는 것은 사실이다. 미국 생물다양성센터는 매일같이 10여 종의 생물종이 멸종하고 있으며, 현재 대멸종이 진행되는 속도는 과거 대멸종의 1천 배에서 1만 배로 추정된다는 연구 결과를 발표했다. 향후 50년 내에 현존 생물종의 30%에서 50%가 멸종할 우려가 있다는 것이다.

그래서 어쩌라고??? 이런 대규모 멸종 사태를 초래한 주범이 인간이니, 이제부터라도 자연을 보호하는 일에 앞장서야 한다는 어설픈 환경론자의 주장을 되풀이하고 싶지는 않다. 따지고 보면 인간도 자연의 일부이고, 인간이 자연을 파괴하는 것 역시 스스로의 생존을 위한 불가피한 선택일 수도 있다. 그로 인해 인류가 멸망한다면 그 역시 자연의 섭리에 순응하는 길이 아닐까.

2

오로라의 아우라

2015년의 제2차 캐나다-미국 대륙 횡단 때 일이다. 몬트리올, 퀘벡, 토론토 등 캐나다 동부와 워싱턴, 뉴욕에 이어 미네소타까지 미국 동부를 한 바퀴 훑고 캐나다 내륙 지방의 마니토바 주로 올라왔다. 사실 캐나다는 남한 면적의 100배나 되는 국토에 인구는 우리와 거의 비슷한 수준이어서, 동부의 온타리오 주와 서부의 브리티시컬럼비아 주를 제외하면 인구 밀도가 아주 낮다. 특히 내륙 지방의 서스캐처원 주와 마니토바 주는 제대로 된 산도 하나 없이 가도 가도 끝없이 펼쳐진 평원뿐이라 관광을 하기에는 그리 매력적인 지역이 아니다.

옐로나이프

따라서 마니토바 주로 들어선 이후 나의 유일한 관심사는 하루

빨리 노스웨스트 준주의 옐로나이프라는 도시로 들어가는 것뿐이었다. 캐나다는 전국이 10개의 주와 3개의 준주(準州)로 나뉘어 있다. 노스웨스트, 누나부트, 유콘 등 3개의 준주는 면적이 엄청나게 넓지만 인구가 워낙 적어 주(Province)로 승격되지 못하고 준주(Territory)라 불린다.

노스웨스트 준주 역시 면적은 남한의 13배에 달하지만 인구는 통틀어 4만 명이 조금 넘는 수준이다. 내가 이 노스웨스트 준주의 주도이자 금광과 다이아몬드 광산으로 유명한 옐로나이프를 목적지로 삼은 이유는 딱 하나, 바로 오로라 때문이었다. 옐로나이프는 평탄한 지형과 오로라 존 한복판에 위치하는 지리적 특성이 맞물려 전 세계에서 오로라를 관측하기에 가장 적합한 곳으로 꼽힌다. 실제로 인터넷에서 흔히 찾아볼 수 있는 황홀한 오로라 사진들은 대부분 이곳에서 찍은 것이라 봐도 된다.

사실 이 옐로나이프에는 내 나름대로 아픈 기억이 어려 있다. 몇해 전 친구와 함께 캐나다 여행을 왔을 때, 오로라를 보고 싶어 옐로나이프에 눈독을 들였다. 밴쿠버에서 옐로나이프까지 비행기로 4시간이 넘게 걸리는 거리인데, 주머니 사정이 여의치 않아 자동차로 가보려고 출발했다가 반의반도 못 가고 길이 눈에 막혀 도로 돌아온 적이 있다.

오로라 관측은 역시 겨울이 제맛이지만 여름에도 날을 잘 잡으면 볼 수 있다. 마침 2차 대륙 횡단에 나선 때는 한여름인 7월 하순이라, 아무리 캐나다 북부라도 길이 얼어서 못 갈 일은 없다고 생각하고 부지런히 차를 몰았다.

〈사진 3-2〉 **오로라 관측**

1. 옐로나이프의 오로라 사진
2. 대륙 횡단의 도우미 −자동차와 텐트

　내비게이션을 켜놓고 운전을 하면 화면에 나타나는 거라고는 우리가 달리고 있는 직선 도로 하나 말고 아무것도 나타나지 않는 길을 하루 종일 달린 끝에, 날이 저물어 숙소에 도착하면 제일 먼저하는 일이 인터넷으로 알래스카 대학의 지구물리연구소(Geophysical Institute)에 접속하는 일이었다. 이 웹페이지에는 일기예보처럼 매일 업데이트되는 '오로라 예보'가 나오기 때문이다.

옐로나이프가 아무리 천혜의 오로라 관측지라고 하지만, 이곳에 간다고 무조건 오로라를 볼 수 있는 것은 아니다. 태양의 흑점이 폭발하는 11년 주기를 맞추면 제일 좋지만, 그렇지 않더라도 0부터 9단계까지 나뉘는 오로라 예보에서 이왕이면 'High'가 나오는 날을 선택하는 것이 보다 선명한 오로라를 볼 수 있는 확률을 높이는 비결이다. 물론 지수가 아무리 높아도 날이 흐려서 구름이 끼면 말짱 꽝이지만.

마니토바 주의 주도인 위니펙에 도착했을 때, 나는 뜻밖의 횡재에 환호성을 질렀다. 오로라 예보에 의하면 그곳에서 북쪽으로 800킬로미터쯤 떨어진 길람이라는 곳에서 옐로나이프에 버금가는 강도로 오로라를 볼 수 있다는 오로라 예보가 뜬 것이다. 참고로 위니펙에서 옐로나이프까지의 거리는 2,800킬로미터에 달한다. 대륙 횡단의 최종 목적지인 밴쿠버로 가려면 북쪽으로 2,000킬로미터 이상을 올라갔다 다시 내려와야 하는 여정이었으니, 길람에서 오로라를 볼 수 있다면 시간과 거리를 엄청나게 단축할 수 있었다.

길람의 오로라

우리는 급히 일정을 바꾸어 위니펙에서 북쪽으로 방향을 틀었다. 하루 종일 달리고 달리다가 날이 저물어 길가에 보이는 조그만 캠프사이트를 찾았는데, 늦은 시간이라 안내소는 문이 닫혔고 사람이 거의 보이지 않아 마치 유령의 마을 같았다. 조금 으스스한 기분은 들었지만 마땅한 대안도 없어 빈자리를 찾아 텐트를 치고 일찌 감치 잠자리에 들었다.

새벽녘에 잠이 깨보니 텐트 바깥에서 불빛이 번쩍거렸다. 순간, 오로라구나 하는 생각에 뛰쳐나오니 온 사방에서 섬광이 터지듯 불빛이 밝아졌다가 사라졌다. 마침 텐트를 친 곳이 숲속이라 정확한 상황은 알 수 없었지만 그동안 사진과 영상으로 보았던 오로라와는 뭔가 느낌이 달랐다. 이상하다고 생각하는 순간, 천둥소리와 함께 빗방울이 떨어지기 시작했다. 아뿔싸! 그 불빛은 오로라가 아니라 번개였다. 기겁을 한 우리는 급히 텐트를 걷고 차 속으로 몸을 피했다.

다음 날 우리가 이미 오로라 존에 가까이 들어와 있다는 사실을 확인하고 적당한 장소를 찾았다. 좀 더 북쪽으로 올라가다가 주립 공원 캠핑사이트에 일찌감치 텐트를 친 후 오로라를 잘 볼 수 있는 곳을 찾아다녔다. 이왕이면 주위가 탁 트이고 불빛이 적은 곳을 찾고 싶었다.

예보에 따르면 날씨 양호, 오로라 강도 최대 9 중 4이다. 그 정도면 좋은 조건이다. 한밤중이 되어 간식과 카메라를 챙겨 들고 낮에 찜해 두었던 장소로 갔다. 갑자기 하늘 한편에 연록색의 빛이 출렁거리는가 싶더니, 소리를 지를 틈도 없이 이내 사라지고 말았다. 아내가 뭐 이래? 하는 조금은 실망스러운 눈길로 나를 돌아보는 순간, 아까보다 훨씬 크고 연한 회색에서 파란색에 이르는 다양한 색깔의 오로라가 춤을 추듯 일렁거렸다. 우리는 아무 말도 하지 못하고 입만 벌린 채 멍하니 하늘을 올려다보았다.

퍼뜩 정신이 들어 연신 카메라 셔터를 눌렀지만 화면에는 그저 시커먼 밤하늘뿐이었다. 그제서야 삼각대를 집에 두고 온 것을 후회했다. 실제로 오로라를 제대로 찍으려면 보조 장비와 어느 정도 기술이 필요한데, 장시간 노출을 하기 위해서는 최소한 삼각대와 수동 모드가 지원되는 카메라가 있어야 한다. 그럼에도 불구하고 난생 처음 오로라를 본 기쁨을 전하고자 몇몇 친구한테 찍은 사진을 전송했다. 아무것도 보이지 않는다는 회신이 왔다. 무슨 소리냐고? 오로라는 마음이 고운 사람에게만 보인다고 다시 문자를 보냈더니만 한참 후에 온 회신이 도저히 안 보인다는 것이었다. 그래 이 친구야! 평소에 덕을 많이 쌓아야지……

Aurora Forecast for night of Friday, July 24, 2015

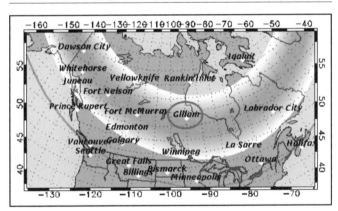

Active: 0 1 2 3 **4** 5 6 7 8 9

Forecast: Auroral activity will be active. Weather permitting, active auroral displays will be visible overhead from Inuvik, Yellowknife, Rankin and Igaluit to Juneau, Edmonton, Winnipeg and Sept-Iles, and visible low on the horizon from Vancouver, Great Falls, Pierre, Madison, Lansing, Ottawa, Portland and St. Johns.

〈그림 3-2〉 **오로라 예보**

다음 날도 관측 상태가 괜찮다는 예보를 믿고 같은 장소에서 하루를 더 묵었다. 오히려 전날보다 날씨가 더 맑았던 관계로 훨씬 선명한 오로라를 원 없이 볼 수 있었다. 오랜 숙제 가운데 또 하나를 해결한 감격적인 순간이었다.

지구는 자석이다

오로라는 단지 보기에만 아름다운 자연 현상이 아니다. 우리가 지구상에 발을 붙이고 살아갈 수 있는 이유 가운데 하나를 바로 이 오로라를 통해 설명할 수 있다. 만약 오로라가 없었으면 애초에 지구에서 생명이 탄생할 수 없었거나, 지금과는 전혀 다른 유형의 생명체가 나타났을지도 모른다.

아시다시피 지구는 하나의 거대한 자석이다. 그래서 나침반의 바늘이 항상 남쪽과 북쪽을 가리킨다. 지구가 자석임을 입증하는 또 하나의 증거가 바로 오로라다. 오로라는 태양에서 날아오는 수많은 미세입자들이 지구의 자기장에 부딪히면서 자북극과 자남극 주변의 대기층에서 발생하는 빛이다.

그런 면에서 오로라는 우리에게 커다란 축복이 아닐 수 없다. 물과 산소/이산화탄소가 있는 것도 모자라 오존층이 자외선을 막아주고, 맨 바깥에 자기장이 한 번 더 이불처럼 지구를 감싸고 있는 것이다. 〈스타워즈〉 같은 SF 영화를 보면 우주선이 방어막을 만들어 적의 공격을 차단하는 장면이 많이 나오는데, 자기장이 바로 이런 보호막을 지구에 둘러주고 있는 셈이다.

자북극에서 나온 자기장은 자남극으로 들어가기 때문에 마치 양쪽 꼭지가 푹 들어간 사과 모양으로 지구를 둘러싸고 있다. 태양에서 오는 입자들은 자연스레 남북 양쪽의 불룩한 부분에서 가장 많이 부딪히기 때문에 남반구와 북반구에서 대칭적으로 오로라가 나타나며, 지상에서 보는 우리들은 특정한 지역에서만 관찰이 가능하다. 이 지역을 '오로라 존'이라고 하는데, 남-북위 60도 내외의 지역이 여기에 해당한다. 정확한 위치는 현재 지구 자전축인 지리적 북극과 자북극이 일치하지 않고 약 11도 떨어져 있어 좀 차이가 난다. IGRF(International Geomagnetic Reference Field)에 따르면 2015년 현재 자북극은 86.3° N, 160.0° W, 자남극은 64.3° S, 136.6° E에 위치한다. (이들 자북극과 자남극은 서로 지리적으로 정확한 지구 반대편 지점이 아니다.) 그 위치 또한 고정되어 있는 것이 아니라 끊임없이 이동하고 있다.

그렇다면 지구가 자석의 성질을 띠는 이유는 무엇일까? 그 이유를 알기 위해서는 지구의 내부 구조를 간단히 살펴볼 필요가 있다. 지구 내부는 핵 → 맨틀 → 지각의 순서로 이루어져 있는데, 핵은 다시 바깥 부분의 외핵과 안쪽의 내핵으로 나뉜다.

여기서 우리가 주목할 점은 외핵이 액체 상태인데 비해 내핵은 고체 상태라는 점이다.

상식적으로 생각하면 내핵의 온도(5,500-7,000도)가 외핵의 온도(4,400-5,500도)보다 높으니 내핵이 액체, 외핵이 고체 상태여야 하는데, 실제로는 이 순서가 뒤집어져 있다. 안쪽으로 들어갈수록 압

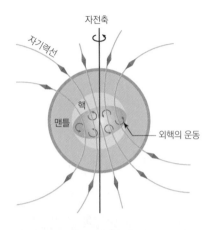

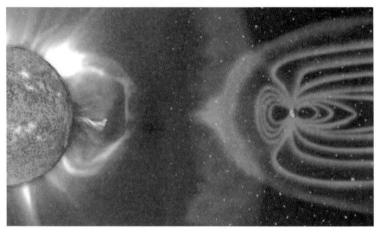

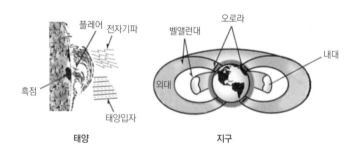

태양   지구

〈그림 3-3〉 **지구의 자기장과 밴앨런대**

력이 높아지기 때문인데, 아무튼 이렇게 고체 상태의 내핵을 액체 상태의 외핵이 둘러싸고 있어 아래위의 온도 차이 때문에 대류 현상이 발생한다.

이때 외핵을 이루는 철과 니켈이 움직이면 유도 전류가 발생하며, 이 전류에 의해 외핵 내부에 자기장이 형성된다. 그리고 이 자기장에서 지구의 자전으로 외핵의 물질이 원운동을 하면 다시 이 운동에 의한 유도 전류가 발생하며, 이 전류에 의해 지구 자기장이 생성된다. 이것을 흔히 다이나모 이론이라고 하며, 지금까지 지구의 자기장을 설명하는 가장 신빙성 높은 이론으로 인정받고 있다.

만약 지구에 자기장이 없으면 어떻게 될까? 간단히 말해서 화성을 떠올리면 된다. 화성은 행성 내부의 대류 현상이 거의 없어 자기장이 없다. 이 때문에 화성 표면에는 태양풍과 자외선이 여과 없이 그대로 내리쬐는데, 만일의 사태에 대비해 화성을 지구와 같은 환경을 가진 행성으로 변화시키는 이른바 테라포밍(terraforming) 구상의 가장 큰 걸림돌이 바로 이 부분이다. 그밖에 토성이나 목성 같은 행성은 자기장을 가지고 있으며, 그래서 지구에서와 같은 오로라 현상이 관측되기도 한다.

지난 2003년에 개봉한 〈코어(The Core)〉라는 영화는 지구 자기장의 역할을 아주 실감나게 보여 준다. 불의의 사고로 외핵의 대류가 멈추자, 지구 자기장이 사라지면서 여러 가지 불길한 현상이 나타나기 시작한다. 새들이 방향 감각을 잃어 건물에 충돌하는가 하면, 중위도 지방에서 오로라가 관측되기도 한다. 이야기가 전개될수록 피해는 점점 커져 수많은 자동차가 지나가는 교량이 무너지고 도시 전체가 파괴되는 등 인류 멸망의 위기가 코앞에 닥친다.

멈춰선 외핵을 다시 돌리기 위해 특공대가 특수 제작된 탈 것(로켓? 굴착기?)을 타고 땅속으로 내려가 외핵에 핵폭탄을 터뜨리는 장면은 조금 황당한 감이 없지 않지만, 적어도 지구 자기장이 사라짐으로 해서 생길 수 있는 피해에 대한 묘사는 상당한 설득력을 지닌다.

이와 관련한 재미있는 과학 상식을 한 토막 소개한다. 지구 상공 1,000~60,000킬로미터에는 자기장에 붙잡힌 방사성 입자의 띠가 있다. 이를 발견자의 이름을 따 밴 앨런 대(Van Allen Belt)라고 하는데 거기에는 태양풍, 즉 태양에서 분출된 플라스마 입자가 붙잡혀 있다. 만약 지구에 자기장이 없다면 이 입자들, 특히 태양광의 방사선과 고에너지가 전부 지표면으로 쏟아져 들어오게 될 것이다. 그렇게 되면 마치 자외선 살균기 속처럼 토양의 세균과 바닷속의 플랑크톤이 모두 죽어 버릴 것이고, 지구는 화성과 같은 죽은 별이 될 수밖에 없다.

이렇게 밴 앨런 대는 우리를 지켜주고 있지만, 그 자체는 방사능으로 가득해 굉장히 위험한 지역이다. 달 탐사선 같은 유인 우주선은 속도가 빨라서 잠깐만에 통과해 지나가니 우리가 병원에서 X선 촬영할 때처럼 별 피해가 없지만, 만약 우주정거장이 밴 앨런 대에 머물러 있으면 방사능에 피폭되어 심각한 사태가 벌어질 수도 있다고 한다.

여담이지만 나는 바로 그 밴 앨런 교수를 직접 만날 수 있는 기회를 아슬아슬하게 놓친 적이 있다. 2001년에 미국 아이오와 대학으로 과학 교사 연수를 갔을 때인데, 이 대학에서 오랫동안 연구 활동을 해온 밴 앨런 교수가 고령에도 불구하고 가끔 학교에 나온다고 했다. 우리와 면담 일정까지 잡혔는데, 막판에 취소되어 그의 이름을 딴 밴 앨런 홀에서 다른 분들의 강의를 몇 차례 듣는 것으로 아쉬움을 달래야 했다. 밴 앨런 교수는 그로부터 5년 후인 2006년에 세상을 떠났다.

3

러시모어와 크레이지 호스

캐나다의 배드랜드가 공룡 박물관이 있는 드럼헬러 주변이라
면, 미국의 사우스다코타에는 아예 이름부터 배드랜드 국립
공원(Badlands National Park)이 있다. 2014년의 제1차 캐나다-미국 횡
단 때 시카고 시내를 둘러보고 옐로스톤을 가는 중간에 사우스다
코타 주를 지났는데, 사실 다코타 주는 노스, 사우스 할 것 없이 인
근의 네브래스카와 와이오밍, 그 너머의 몬태나 주와 아이다호 주
에 이르기까지 특별히 관광객의 발길을 끌 만한 명소가 많지 않은
편이다.

90번 고속도로를 따라 끝없이 펼쳐진 대평원이 지겨워 뒷자리에
서 핸드폰만 들여다보고 있던 둘째 아들 녀석이 꾸벅꾸벅 졸고 있
을 무렵, 갑자기 눈이 번쩍 뜨일 만한 풍경이 펼쳐지기 시작했다.
풀과 나무를 찾아보기 힘든 건조한 지형에 황갈색과 흰색의 사암
층이 수평으로 넓게 펼쳐진 것이, 영락없이 그랜드 캐니언을 연상
케 하는 분위기였다.

〈사진 3-3〉 **미국의 배드랜드**

큰바위 얼굴

흔히 미국을 대표하는 3대 랜드마크로 뉴욕에 있는 자유의 여신
상, 캘리포니아의 '할리우드' 입간판, 그리고 바로 이 사우스다코
타의 러시모어 산을 꼽는다. 나 역시 한번도 미국 땅을 밟아 보지

않았을 때부터 미국 대통령들의 얼굴이 새겨진 '큰 바위 얼굴'을 본 기억이 나는데, 거기가 바로 러시모어 산이었다.

　해발 1,829미터의 산 정상에 워싱턴, 제퍼슨, 링컨, 루즈벨트 등 오늘날의 미국을 있게 한 네 명의 대통령 얼굴이 조각되어 있다. 다이너마이트를 터뜨려 일차적인 윤곽을 잡은 뒤, 400명의 조각가들이 14년에 걸쳐 만들었다고 한다. 문외한의 눈으로 예술성을 논할 처지는 아니지만, 산 하나를 통째 조각 작품으로 바꿔 놓은 어마어

〈사진 3-4〉 **러시모어 산**

마한 스케일은 실로 압도적이었다. 동네 뒷산에 올랐다가 바위에 이름 석 자만 새겨도 자연을 훼손했다고 비난을 받을 테지만, 규모가 이쯤 되니 그 작품을 자연 훼손의 관점으로 바라보는 사람은 아무도 없을 듯했다.

그러나 알고 보면 여기에는 자연 훼손보다도 더 심각한 사연이 어려 있다. 북미 대륙 한복판에는 북으로 캐나다의 앨버타와 사스캐치원 주에서 남쪽의 텍사스 주에 이르는 거대한 평원이 가로놓여 있는데, 이를 흔히 대평원(the Great Plains)이라고 부른다. 사우스다코타 주 역시 이 대평원의 일부다. 그런데 사우스다코타 주의 서쪽과 와이오밍 주에 걸쳐 로키 산맥에서 떨어져 나온 조그만 산맥이 하나 솟아 있다. 멀리서 보면 암석과 나무들이 뒤섞여 시커멓게 보인다 해서 블랙 힐스(Black Hills)라는 이름이 붙었다. 러시모어 산도 이 산맥의 봉우리 가운데 하나다.

굴러온 돌과 박힌 돌

예로부터 이 블랙 힐스 인근은 아메리카 원주민들의 성지(聖地)와도 같은 곳이다. 자그마치 기원전 7천 년 무렵부터 원주민들이 이곳에 정착한 흔적이 남아 있고, 콜럼버스의 아메리카 대륙 발견 이후에도 원주민들이 백인들의 영토 확장에 맞서 끝까지 저항했던 곳이기도 하다. 그들의 결사적인 저항에 미국 정부도 1868년에 이른바 '라라미 요새 조약'을 맺어 더 이상 그 땅을 침범하지 않기로 약속했다.

그러나 그 직후 블랙 힐스에 엄청난 양의 금이 매장되어 있다는 사실이 확인되면서 일확천금을 노리는 백인들의 골드러시가 시작되었다. 황금에 눈이 먼 그들은 원주민들과의 약속을 헌신짝처럼 내다버렸고, 이 일대는 또다시 처참한 살육과 보복이 되풀이되는 전쟁터가 되고 말았다. 원주민들은 남북전쟁 영웅 출신의 커스터 장군이 이끄는 제7기병연대와 맞붙은 1876년의 리틀빅혼 전투에서 압도적인 승리를 거두기도 했지만, 결국 미국 정부는 대규모 병력을 투입해 원주민들의 땅을 빼앗았다.

이 사건은 역사의 한 페이지로 묻혀 버린 것이 아니라 지금도 여전히 분쟁의 불씨를 남겨두고 있다. 1980년, 미연방 대법원은 미국 정부의 블랙 힐스 점유를 불법으로 인정하고 당시의 땅값에 더해 그동안의 이자까지 모두 1억 6백만 달러를 변상하라고 판결했다. 미국 정부도 이 돈을 지불하고 논란에 마침표를 찍고 싶었던 것이다.

이는 자신들이 저지른 잘못에 대한 속죄라기보다는, 이 땅에 아직도 막대한 양의 금과 은뿐만 아니라 우라늄을 비롯한 각종 천연자원이 무한정 묻혀 있어 그 경제적 가치가 수천억 달러에 달하니 1억 달러 정도는 껌값에 지나지 않는다는 판단이었을 가능성이 높다. 조상 대대로 물려받은 삶의 터전을 빼앗긴 원주민들은 극심한 가난에 허덕이고 있지만 지금은 이자에 이자가 붙어 7억 달러 이상으로 불어난 배상금의 수령을 꿋꿋이 거부하고 있다. 돈 따위 필요 없으니 원래 우리 땅이었던 블랙 힐스를 돌려달라는 주장이다.

이런 역사를 알고 나면 러시모어 산의 거대한 조각품들을 마냥 칭송할 수만은 없는 기분이 된다. 원주민의 입장에서는 땅을 빼앗긴 것도 억울한데, 자기네가 '여섯 명의 할아버지'라고 부르며 신성시하던 산에 침략자 두목(?)들의 얼굴을 새겨 놓은 것을 보면 그 심정이 어떨까.

원주민들은 그런 울분을 달래기 위한 작은 몸짓의 일환으로 러시모어 산에서 27킬로미터 떨어진 곳에 자신들의 영웅 가운데 한 명인 '크레이지 호스(Crazy Horse)'의 거대한 조각상을 만들고 있다. 크레이지 호스는 리틀빅혼 전투에서 커스터 장군을 제압한 장본인이다. 1948년에 조각이 시작되어 약 70년이 지난 지금 머리 부분까

〈사진 3-5〉 **크레이지 호스**

지 완성된 상태지만, 앞으로 몸통과 그가 타고 있던 말까지 모두 새기려면 얼마나 더 시간이 걸릴지 모른다.

처음 이 초대형 프로젝트를 구상하고 착수한 조각가가 세상을 떠나고 자금도 부족해 작업이 지지부진하자, 미국 정부에서 1천만 달러를 기부하겠다고 제안했지만 원주민들은 이 제안조차 거절했다. 미국 정부에 대한 저항 정신을 상징하는 프로젝트에 미국 정부의 돈을 받아 쓸 수는 없다는 이유다. 자존심 하나는 대단한 사람들이다.

화강암과 대리석

자, 이제 조금 다른 관점으로 러시모어 산을 바라보도록 하자. 사람들이 러시모어 산에 조각상을 만들 수 있었던 이유는 이 산이 화강암이라는 단단한 돌로 이루어졌기 때문이다. 앞서 영국 도버 해협의 백악을 설명하면서 이 세상의 돌은 대부분 화성암과 퇴적암, 변성암으로 구분된다고 했는데, 화강암은 마그마가 굳어서 만들어진 화성암의 대표 선수와도 같은 돌이다.

화강암을 순우리말로 '쑥돌'이라고 하며, 중간 중간 흑운모 같은 성분이 섞여 점무늬를 찾아볼 수 있는 경우가 많다. 우리에게 가장 익숙한 돌 가운데 하나이기도 한데, 이는 서울의 삼각산이나 북한산은 물론 설악산이나 금강산의 '기암괴석'들이 대부분 화강암이기 때문이다. 워낙 단단해서 좀처럼 비바람에 깎이지 않지만, 산

꼭대기에 오랜 시간 노출되어 있으면 설악산 공룡 능선이나 금강산 만물상 같은 장관을 만들어내기도 한다. 또한 석굴암을 비롯해 우리나라의 오래된 불상들도 대부분 화강암으로 되어 있다. 화강암은 단단하고 일정한 결이 없어 다루기가 어렵기 때문에 섬세하고 아기자기한 표현을 담아내기에는 적당하지 않지만, 그 대신 투박하면서도 묵직한 느낌을 준다.

반면 서양의 조각품들은 아주 정교하고 치밀해서 얼핏 보면 우리와 그들의 작품 수준에 차이가 있는 것 아닌가 하는 생각이 들 정도다. 결론부터 말하자면 서양의 조각 기술이 우리보다 뛰어나서라기보다 재료 자체의 특성에서 그런 차이가 비롯된다고 보는 것이 옳다. 서양에서 주로 쓰는 대리석(엄밀히 말하면 대리석이 아니라 대리암이라 해야 정확하지만, 여기서는 그냥 통상적인 관례에 따라 대리석으로 쓴다)은 우리 조상들이 주로 써온 화강암에 비해 훨씬 부드럽고 성분도 비교적 균일한 편이다. 그래서 잘못 건드린다고 엉뚱하게 쪼개져 버리는 경우도 별로 없어 가공하기가 그만큼 수월하고, 보다 섬세한 표현이 가능해진다.

화강암과 대리석은 조각뿐만 아니라 건축 자재로도 폭넓게 활용된다. 건축 자재로 사용할 암석은 일정한 크기와 굳기가 확보되어야 하는데, 그런 점에서 화강암과 대리석 외에 사암이나 현무암 등이 많이 쓰인다. 또한 변성암의 일종인 점판암, 실내 장식이나 화단 둘레를 장식하는 희고 검은 줄무늬의 편마암 등도 흔히 찾아볼 수 있다.

우리나라의 경우 신라 시대의 불국사를 비롯하여 오늘날의 국회의사당을 포함한 많은 건물들이 화강암으로 지어졌다. 한편 그리

스의 파르테논 신전을 비롯하여 이탈리아의 대부분의 고대 유적들
은 대리암으로 되어 있으며, 요르단의 페트라나 독일의 하이델베르

〈사진 3-6〉 **건축 자재와 암석**

화강암　1. 불국사　2. 국회의사당
대리석(암)　3. 포로로마노(로마)　4. 피사의 사탑
사암　　5. 하이델베르그 성(독일)　6. 아그라 성(인도)

크 성은 사암으로 이루어진 대표적인 건축물이다.

이처럼 나라마다, 지역마다 서로 다른 암석으로 이루어진 건축물이 많은 것은 당연하게도 각 지역마다 흔한 암석이 다르기 때문이다. 이탈리아는 예나 지금이나 전 세계에서 대리석을 가장 많이 생산하는 나라의 지위를 굳게 지키고 있고, 고대 로마 시절부터 이탈리아 카라라에서 생산된 대리석을 최상품으로 친다.

건축 자재로서의 화강암과 대리석의 특징을 간략히 살펴보면, 가장 큰 차이는 생성 환경이 다르다는 점이다. 화강암은 마그마가 식어서 된 화성암의 일종이고 대리석은 석회암이 온도와 압력의 변화로 바뀐 변성암이다. 화성암은 전체가 거의 균일한 입자로 되어 있는 반면 변성암은 그렇지 않다. 그래서 겉으로 보기에 화강암은 전체가 하나 같이 밋밋한 느낌이라면 대리석은 다양한 무늬들로 화려하게 보인다. 그러나 대리석은 화강암보다 화학적 풍화에 약해서 오랜 세월 빗물 등에 노출되면 표면이 거칠거나 지저분하게 보인다. 그래서 대리석의 경우 건축물의 외장재보다는 내장재로 더 적합하다고 볼 수 있다.

맥반석의 효능

그밖에도 생각보다 우리의 일상생활과 밀접한 돌들이 많다. 예를 들어 맥반석이라는 돌이 있다. 지금도 우리나라에서는 이 돌이 거의 '신비의 돌'로 대접받고 있는데, 이를테면 맥반석 사우나에 들어가 원적외선을 쬐며 땀을 흘린 뒤 맥반석 솥으로 찐 달걀을 먹고 맥반석 정수기 물을 마신 다음 맥반석 돌침대에서 잠을 자면 모든 병이 나을 것만 같은 분위기다. 심지어는 고속도로 휴게소에서 맥반석으로 오징어까지 구워서 판다.

언제부터인지 맥반석은 악취나 중금속 같은 독성 물질을 제거하고 부패를 지연시키며 일반 수돗물을 몸에 좋은 약수로 바꾸는 등의 놀라운 효능을 발휘하는 것으로 알려졌다. 심지어 인터넷에서 쉽게 찾아볼 수 있는 어느 백과사전은 맥반석의 효능을 이렇게 설명하고 있다. "1㎤당 3~15만 개의 구멍으로 이루어져 있어 흡착성이 강하고, 약 2만5000종의 무기염류를 함유하고 있다. 중금속과 이온을 교환하는 작용을 하기 때문에 유해금속 제거제로도 사용하며, 이 암석에 열을 가하면 원적외선을 방출하는 것으로 알려져 있다. 이러한 특성 때문에 찜질방·식기·의료기 등 여러 산업 부문에서 이용하고 있다." (두산백과)

옛날 신문을 뒤져보니 1979년에 맥반석 정수기 광고가 처음 등장한 모양인데, 시간이 지날수록 점점 더 활용 범위가 커져서 지금은 맥반석 미나리, 맥반석 포도, 맥반석 굴 등등 온갖 관련 상품이 시중에 나와 있다. 하긴 〈동의보감〉에도 맥반석이 언급될 정도니 그 역사가 유구한 것은 사실인 듯하다.

사실 이 맥반석(麥飯石)이라는 용어는 국어사전에도 "황백색의 거위 알 또는 뭉친 보리밥 모양의 천연석. 예로부터 정수(淨水) 작용이 있는 돌로 알려짐"이라고 나와 있을 정도로 보편화되었지만, 암석 분류상의 정식 명칭은 '장석반암'이다. 장석이라 하면 알루미늄,

칼륨, 나트륨, 칼슘 등의 원소가 많이 들어 있고 또한 풍화되면 점토로 바뀌는 특성을 갖는 광물이다.

단순하게 생각하면 맥반석으로 만든 목욕탕은 맥반석으로부터 빠져나온 원소들이 많이 녹아 있어 그 물에 몸을 담그면 왠지 건강해질 것 같다. 맥반석 정수기 역시 뛰어난 정수 효과 덕분에 온갖 불순물과 중금속이 제거된 깨끗한 물을 마실 수 있게 해줄 것이다. 오징어와 달걀을 비롯한 각종 음식물을 맥반석으로 조리해 먹으면 2만5천 가지나 되는 무기염류를 섭취할 수 있을 것 같다.

과연 그럴까? 물론 맥반석에는 그런 효과가 있다. 그러나 그것은 아주 오랜 세월 동안 일어나는 변화로, 불과 몇 시간 혹은 며칠이라는 짧은 순간에도 그런 효과가 나타날 것인지에 대한 판단은 각자의 몫이다.

이 분야를 전공한 친구에게 물어보니 자신도 맥반석에 2만5천 종의 무기염류가 함유되어 있음을 객관적으로 입증할 만한 어떤 분석치나 자료는 본 적이 없다고 한다. 한 마디로 백과사전에 실린 정보는 학술적으로 검증된 내용이 아니라는 것이다.

장석이 약간의 풍화와 변질을 거치면 고령토(카올린)나 운모(일라이트) 같은 점토 광물로 변하는데, 이들이 흡착 특성을 가지는 것은 사실이므로 맥반석이 불순물을 제거해주는 효과를 기대하는 것이 전혀 터무니없는 것은 아니다. 단지 그 효과를 과신하거나 맹신함으로서 어떤 부작용이 생기면 곤란하지 않은가 하는 취지에서 하는 말이다. 사실 나도 가끔씩은 맥반석 사우나와 맥반석 오징어를 즐기는 사람 중 한 명이다.

그밖에도 주변에는 우리가 착각하거나 오해하고 있는 것들이 많다. 그중에 대표적인 것이 원적외선이다. 피로 회복에 좋다는 맥반석 사우나는 옛날 얘기이고 지금은 수정 사우나에 암염 사우나 시대다. 사우나실 벽과 천장을 장식하고 있는 맥반석, 수정, 암염에서 나오는 원적외선이 우리 몸에 좋다는 것이다.

많은 사람들은 원적외선의 '원'에서 '근원(根源)', original을 떠올린다. 즉, 적외선 중에서도 진짜 적외선이라고 여긴다는 것이다. 그러나 원적외선의 '원'은 '멀다(遠)'는 뜻이다. 영어로는 'far-infrared ray'로 그냥 적외선 중에서 파장이 가장 긴 영역(50μm~1mm)의 적외선일 뿐이다.

〈사진 3-7〉 **맥반석의 효능(?)**

물론 파장이 길수록 열 침투력이 커서 우리 몸에 흡수가 잘 되는 것은 맞다. 그러나 자연의 모든 물체는 그 온도에 맞는 빛(열)을 방출하고 있는데, 암석이나 생물체에서 나오는 열이 바로 적외선이다. 다만 가시광선보다 파장이 길어서 우리 눈에 보이지 않을 뿐이다.

결국 사우나실의 수정이나 암염에서 나오는 원적외선도 그냥 적외선에 지나지 않는다. 그것이 특별한 성분을 갖고 있다는 것은 아니라는 뜻이다. 어쩌면 그 돌을 붙이는데 사용한 접착제에서 나오는 성분이 건강을 더 해칠지도 모른다.

호프웰 락

2015년 여름, 온타리오 주 런던을 출발해 몬트리올과 퀘벡을 둘러본 뒤 프린스 에드워드 섬(PEI)까지 내쳐 달리니, 같은 캐나다 동부인데도 자동차의 거리계에는 2천 킬로미터가 넘게 찍힌다.

〈지도 3-2〉 **캐나다 동부 대서양 연안 여행지**

지도상으로 캐나다의 동쪽 '땅끝 마을'은 뉴펀들랜드 세인트존스에 있는 케이프 스피어(Cape Spear)지만, 흔히 노바스코샤 주 핼리팩스 인근의 페기스 코브에 있는 예쁜 등대까지 가면 땅끝을 찍었다고 인정하는 분위기다.

우리나라 제주도의 세 배 남짓 되는 면적에 약 14만 명의 인구가 사는 PEI 섬(참고로, 제주도 인구는 2016년 말 약 65만 명)은 캐나다에서 면적과 인구가 제일 작은 주인데, 섬 전체가 그림엽서를 방불케 할 정도로 아름답다. 더구나 소설과 만화로 유명한 〈빨강머리 앤〉의 무대이자 그 작가인 루시 모드 몽고메리(1874-1942)의 고향이기도 해, 곳곳에서 주근깨투성이 말괄량이 소녀가 튀어나올 것 같은 느낌이다. 뉴브런즈윅과는 길이가 약 13킬로미터에 이르는 컨페더레이션 브리지로 연결되어 있다.

펀디만 vs 아산만

또 하나 캐나다 동부의 대서양 연안 지역에서 꼭 가봐야 할 명소 가운데 하나로 펀디만의 호프웰 락(Hopewell rocks)이 꼽힌다. 참으로 묘하게 생긴 길쭉길쭉한 바위들이 바닷가에 버티고 서 있다. 그 이유는 자갈과 모래로 이루어진 퇴적암이 바닷물에 의해 차별 침식된 결과다. 우와, 멋있다, 하면서 사진 한 장 찍고 돌아오면 끝? 천만의 말씀이다.

시간이 허락하면 몇 시간 후에 같은 장소를 다시 한 번 가보시

〈사진 3-8〉 **캐나다 동부 대서양 연안**

1. 노바스코샤 주 알림판   2. 페기스 코브의 등대   3. 빨강머리 앤의 집   4. 호프웰 락

라. 조금 전에 바닥을 걸어다니면서 둘러보았던 바위들이, 이제는 물속에 잠겨 있다. 그냥 바닷물이 찰랑거리는 정도가 아니어서 그 깊이가 무려 14미터에 달한다. 캐나다 관광청 홈페이지에는 이를 두고 '편안히 숨쉬며 해저 속을 걸을 수 있다'라고 표현한다. 어째 이런 일이?

펀디만은 세계에서 조수간만의 차이가 가장 큰 지역이다. 평균 15미터(12~20미터), 조수간만 하면 어디 내놔도 꿀리지 않는 우리나라의 아산만이 평균 8.5미터라고 하니 거의 두 배다. 밀물과 썰물 때 약 1천억 톤의 바닷물이 들어왔다 나갔다 하는데, 이는 전 세계에 흐르는 강물을 다 합친 것보다도 더 많은 수량이다.

펀디만의 밀물과 썰물에 대한 자료를 보고 있으니 오래전의 기억한 토막이 문득 떠오른다. 평소에 알고 지내던 분이 박사 논문에 필요한 지질 조사를 좀 도와달라고 하셨다. 남해안 지역의 지층을 조사해야 하는데, 출발할 때 연락할 테니 집에서 기다리라는 것이었다. 거리가 만만치 않으니 당연히 일찍 출발할 줄 알고 새벽부터 준비를 하고 기다렸지만, 정작 연락이 온 것은 정오가 되어서였다.

내색은 안 했지만 중요한 지질 조사를 앞두고 왜 이렇게 꿈지럭거리나 싶었는데, 현장에 도착하고 나서야 내가 괜한 오해를 했다는 것을 알게 되었다. 우리가 조사해야 할 장소가 바닷가였기 때문이다. 밀물과 썰물에 따라 암석이 드러나고 잠기기를 되풀이하니, 물때를 맞추지 않으면 아무리 일찍 가야 소용이 없었다.

실제로 낮시간 대부분이 밀물이라 바닷물이 밀려나간 아침 저녁에만 지층이 드러났다. 조금이라도 더 조사를 하려고 암석이 눈에

〈사진 3-9〉 **호프웰 락(Hopewell Rocks)**

[밀물과 썰물 때의 해수면의 높이]

잘 보이지도 않는 이른 새벽에 나갔다가 낮에는 할 일이 없어 숙소
에서 빈둥거리고, 저녁이 되면 완전히 해가 저물어 아무것도 보이
지 않을 때까지 조사를 강행했다.

밀물과 썰물은 왜 하루에 두 번씩?

흔히 물때라 부르는 밀물과 썰물 시간은 내륙에 사는 사람들은
별 관심이 없지만, 어업에 종사하는 바닷가 사람들한테는 목숨처럼
중요하다. 물때를 정확히 모르면 갯벌에 조개나 굴을 따러 갔다가
자칫 큰 낭패를 당할 수 있기 때문이다.

내친 김에 밀물과 썰물, 즉 조석을 일으키는 원인과 과정에 대해 좀 더 알아보자. 앞에서도 잠깐 얘기했지만 조석(밀물과 썰물)을 일으키는 힘을 기조력이라고 하고, 그 힘은 지구와 달과 태양 사이에 작용하는 인력과 원심력을 합친 힘이다.

그중에서 인력은 질량이 클수록, 거리가 가까울수록 크다. 그런데 달은 태양보다 질량이 훨씬 작지만 거리가 매우 가깝기 때문에 지구에 작용하는 인력은 태양보다 많이 더 크다. 그래서 일반적으로 얘기할 때 조석은 달의 인력 때문이라고 한다.

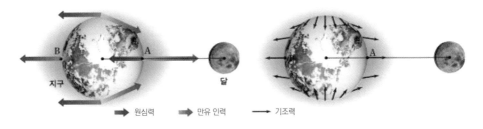

〈그림 3-4〉 **밀물과 썰물을 일으키는 힘** (출처-금성, 지구과학교과서)

인력은 쉽게 이해가 되는데, 원심력까지 이야기를 하면 머리가 복잡해진다. 원심력이 원운동을 하는 물체의 중심에서 바깥으로 작용하는 힘이라는 것은 누구나 안다. 그런데 지구와 달은 지구-달의 질량 공통 중심을 기준으로 서로 회전 운동을 하고 있다. 지구의 질량이 달에 비해 워낙 크기 때문에 달이 지구 주위를 돌기는 하지만 지구도 작게나마 질량 공통 중심을 기준으로 돌고 있다.

이렇게 복잡한 얘기를 굳이 하는 이유는 만조(최대 밀물)와 간조

(최대 썰물)가 하루 동안 각각 두 차례씩 일어나는 것을 설명하기 위해서다. 무슨 말인가 하면, 달을 향하고 있는 지역에서 만조가 될 때 동시에 그 반대쪽에서도 만조가 된다는 것이다. 이때 반대 지역에 일어나는 만조는 원심력 때문이다.

정리하면 지구와 달 사이에 작용하는 인력은 달 쪽으로, 원심력은 달의 반대 방향으로 나타나는데 그 둘을 합친 기조력은 달이 있는 쪽은 달 쪽으로, 그 반대쪽은 달의 반대쪽으로 나타나서 결과적으로 지구의 양쪽에서 최고 수위인 만조 상태가 된다는 것이다.

한편 만조와 그 다음 만조 또는 간조와 그 다음 간조가 일어날 때까지의 시간, 즉 조석 주기는 12시간 25분이다. 이유는 달이 지구 주위를 하루에 12도(50분) 공전하기 때문이다. 또한 지구 자전축의 경사 때문에 지역에 따라 밀물과 썰물의 지속 시간이 다르며 같은 지역이라도 하루 중 첫 번째와 두 번째가 서로 다르다.

나이아가라 폭포와 오대호

나는 개인적으로 세계 3대 폭포 중의 하나로 불리는 나이아가라 폭포와 인연이 많은 편이다. 마침 유럽 여행을 마치고 캐나다로 넘어와 처음 자리를 잡은 곳이 런던(영국의 런던이 아니라 토론토 인근의 인구가 36만이 조금 넘고 캐나다에서 10번째로 큰 도시)이었는데, 거기서 나이아가라가 가까워서 종종 찾던 곳이다.

나이아가라 폭포는 미국과 캐나다의 국경 위에 놓여 있다. 고트

섬을 기준으로 '브라이덜 베일'로 불리는 미국 폭포가 신부의 면사포처럼 우아하다면 '호슈'(말발굽)로 불리는 캐나다 폭포는 장대하다. 그래서 제대로 나이아가라 폭포를 보려면 국경을 넘나들며 양쪽에서 보아야 한다. 밤에 보는 모습 역시 황홀하다. 폭포 위로는 조명 쇼가 펼쳐지고, 클리프턴 언덕의 카페들은 밤늦도록 흥청대며, 카지노는 24시간 네온싸인이 번쩍거린다.

내가 처음 나이아가라 폭포를 만난 것은 10년도 더 지났는데 그때의 감동을 지금도 잊을 수 없다. 당시 미국 아이오와 대학에서 과학 교사 연수를 받던 중 주말을 이용해 동료 선생님들과 함께 차를 렌트하여 교대로 운전하면서 간 것이다. 말만 듣던 미국 땅이 그렇게 넓은 줄 그때 처음 알았다. 아침에 출발해서 중간에 휴게소에 잠시 들린 것을 제외하고 쉬지 않고 달렸는데도 자정이 지나서야 겨우 도착했다.

잠시 차안에서 눈을 붙이고 어둠이 걷힐 무렵 우리는 서로 앞다투어 나이아가라 폭포로 향했다. 멀리서 들려오는 폭포 소리에 가슴이 두근거렸다. 나이아가라 폭포는 원주민의 말로 '천둥소리를 내는 물'이라는 뜻이다. 인디언들은 폭포의 굉음을 두려워하고 신성시해 부족의 처녀를 제물로 바치기도 했다고 한다. 천둥 같은 소리와 거대한 물줄기, 휘날리는 물방울이 뒤섞이는 모습을 보고 있자니 현기증이 날 지경이었다.

10여 년이 지나 다시 찾은 나이아가라 폭포는 옛 모습 그대로였다. 그런데 2013년 겨울의 나이아가라는 또 다른 장관을 선사했다. 그해 북미 대륙에 몰아친 한파로 폭포의 대부분이 얼어버린 것이다.

그곳에 오래 살았던 사람들도 잘 보지 못했던 광경이라고 한다.

　이 나이아가라 폭포는 과거 빙하에 의해 형성되었는데, 약 1,000
년 전에 위스콘신 빙하(두께 약 3㎞)가 녹으면서 아래에 있던 땅이
융기하는 과정에서 차별적인 융기와 침식의 결과로 만들어졌다고
한다.

〈사진 3-10〉 **나이아가라 폭포**

1. 미국쪽 폭포
2. 캐나다쪽 폭포
3. 무지개가 끝나는 곳에 있는 다리가 캐나다(왼쪽)와 미국(오른쪽)의
   경계인 무지개 다리(Rainbow Bridge)다.
4. 꽁꽁 언 나이아가라 폭포

〈사진 3-11〉 **오대호**

1. 인공위성 사진
2. 바다와 다른 점? (휴런호)

한편 나이아가라 폭포는 이리호와 온타리오호 사이에 있는데, 이들 두 호수 외에도 3개의 큰 호수가 더 있어서 이들을 합쳐 오대호(五大湖, Great Lakes)라 부른다. 이 오대호는 총 유역 면적이 24만 4,106㎢, 남북 길이 1,110㎞, 동서 길이 약 1,384㎞로 북아메리카 동북부, 미국과 캐나다의 국경에 걸쳐 있다. 세계에서 가장 규모가 큰 호수로, 세계 담수 공급량의 20%를 차지할 정도로 어마어마하다.

참고로 우리나라 남북을 합친 총 면적이 대략 10만 ㎢ 이니까 한 번 상상해 보라. 말이 호수이지 맛을 보기 전에는 바다인지 호수인지 구분이 안 간다. 멀리 보이는 것은 수평선이고 수시로 파도도 치기 때문이다. 이 동네 사람들이 해변(Beach)에 해수욕(?)을 간다고 하면 대부분은 여기를 말한다.

루레이 동굴

7080 시절 우리나라에서도 선풍적인 인기를 끈 미국의 컨트리 가수 존 덴버(John Denver, 1943-1997), 그의 대표작이자 출세곡으로 꼽히는 〈테이크 미 홈, 컨트리 로드(Take Me Home, Country Road)〉에는 블루리지 산맥과 셰난도강이 나온다. 학창 시절, 이 산과 강이 어디에 있는지도 모르면서 노래를 흥얼거렸던 기억이 생생하다. 워싱턴 D.C.에서 이 셰난도강을 따라 블루리지 산맥 안으로 들어서면 루레이라는 조그만 마을이 나오는데, 여기가 바로 세계에서 가장 아름다운 동굴로 꼽히는 루레이 동굴(Luray Cavern)이 있는 곳이다.

석회 동굴과 해식 동굴

동굴이라고 하면 두 가지 상반되는 감정이 동시에 밀려온다. 선사 시대 원시인들이 추위와 맹수의 공격을 피할 보금자리로 삼았던 아늑한 동굴의 느낌이 있는가 하면, 어딘가 미지의 괴물이 웅크리고 있을 것만 같은 섬뜩하고 컴컴한 느낌이 공존하기 때문인 듯하다.

동굴은 그 생성 원인에 따라 여러 가지로 구분되는데, 대표적인 것이 석회암 동굴과 용암 동굴, 해식 동굴 등이다. 과거 바다에서 침전, 퇴적된 석회암이 융기하여 육지의 한 부분을 이루고 있던 중 빗물이나 지하수가 그 사이를 흘러가면 석회암 성분이 쉽게 물에 녹아들어 가는데, 그로 인해 석회암에 난 구멍이 점점 커져 석회암 동굴이 된다.

반대로 그 과정이 거꾸로 가는 경우를 생각해보자. 석회 성분이 녹아 있는 물은 환경이 바뀌면 그 속에 있던 석회 성분이 침전이 되는데, 이 침전이 천장에서 이루어져 밑으로 내려오는 것을 종유석이라 하고 바닥에서 위로 쌓여가는 것을 석순이라 한다. 견우와 직녀가 만나듯이 이 둘이 중간에서 서로 만나 기둥을 이루면 석주가 된다.

이 과정을 화학식으로 나타내면 $CaCO_3 + H_2O + CO_2 \leftrightarrow Ca(HCO_3)_2$인데, 오른쪽 방향은 석회암($CaCO_3$)이 대기 중의 이산화탄소가 녹은 물(지하수)에 용해되어 동굴을 만드는 과정이고, 왼쪽 방향이 석회암(종유석, 석순, 석주)이 생성되는 과정이다. 탄산수소칼슘($Ca(HCO_3)_2$)은 Ca^{+2}와 HCO_3의 이온 상태로 물에 잘 녹는 성질이 있다. 이러한 석회암의 생성과 용해 과정에는 온도가 가장 영향을 미친다. 즉, 온도가 높아지면 침전이 잘 되고, 반대로 낮아지면 용해가 잘 된다.

용암 동굴은 화산이 폭발해 용암이 흘러내릴 때 가장자리는 온

  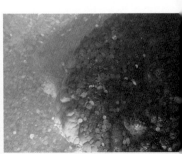

〈사진 3-12〉 **루레이 동굴**

도가 내려가 빨리 굳고 안쪽에서는 계속 용암이 흘러가면서 생긴 공간이다. 천장에서 미처 덜 굳은 용암이 흘러내리거나 바닥으로 떨어진 용암이 촛농처럼 쌓이면서 종유석과 석순이 생기는 경우도 있지만, 그 생김새는 석회암 동굴의 경우와 확연히 차이가 난다.

해식(海蝕) 동굴은 말 그대로 쉴 새 없이 밀려드는 파도에 바닷가의 절벽이 깎여서 생긴 동굴이다. 당연한 이야기지만, 절벽을 이루는 암석들 중에서 무른 부분이 집중적으로 패여 동굴이 생긴다. 파도가 닿지 않는 수면 위에 어떻게 해식 동굴이 생길까 싶기도 하지만, 이런 동굴이 하루 이틀 만에 생기는 것이 아님을 명심해야 한다. 동굴이 생긴 이후에 수면 위로 융기한 경우다. 이탈리아 카프리 섬의 푸른 동굴이 유명하다.

우리가 가본 루레이 동굴도 대표적인 석회암 동굴 가운데 하나다. 위에서 살펴본 화학식을 통해 종유석이 1.6밀리미터 자라는 데약 120년이 걸린다고 하니, 이 동굴이 생긴 지 100만 년쯤 되었다는 추정도 납득이 간다. 서양 사람들은 연못이나 분수에 동전을 던지며 소원을 비는 풍습이 있는데, 이 루레이 동굴 안에도 'Wishing Well'이라는 조그만 연못 속에 바닥이 보이지 않을 정도로 동전이 수북하게 쌓여 있었다. 1년에 한 번 이 동전들을 모두 건져서 병원이나 재단 같은 곳에 기부하는데, 지금까지 기부한 금액이 1백만 달러가 훨씬 넘는 모양이다.

그러나 적어도 동굴에 관한 한 우리는 세계에서 가장 아름답다는 루레이 동굴을 부러워할 필요가 없다. 우리나라가 세계에 내세울 수 있는 여러 자랑거리 가운데 하나가 바로 동굴이기 때문이다.

제주도 만장굴은 UNESCO가 세계자연유산으로 지정한 세계적인 용암 동굴이다. 또한 여수 오동도, 부안 채석강 등등 전국 각지에 해식 동굴이 발달해 있고, 울진 성류굴과 단양 고수 동굴을 비롯해 그 규모나 아름다움에서 루레이 동굴에 뒤지지 않는 석회암 동굴들도 여럿 있으니 입맛대로 골라서 구경할 수 있다.

석회수

사족을 하나 덧붙이자면, 석회암이 많은 지역에서는 식수 때문에 골치 아픈 경우가 있다. 탄산칼슘이 많이 녹아 있는 물을 오랫동안 마시면 담석증에 걸리는 등 건강에 좋지 않기 때문이다.

경북 안동 부근의 시골인 내 고향 마을도 오래전부터 식수 문제로 골머리를 앓아 왔다. 바로 석회 성분 때문인데, 오랜 세월 모르고 잘 먹다가 알고 나서 문제가 생긴 것으로 아는 게 병이 된 경우다. 옛날로 거슬러 올라가면 내가 어릴 때는 동네 가운데 있는 우물에서 물을 길어 먹었는데 그때까진 별 문제가 없었다. 지금 돌이켜보면 그 우물의 물은 지표수나 다를 바 없다.

내가 중학교에 다닐 무렵부터 집 마당에 큰 웅덩이를 파고 쇠파이프를 연결하여 수동 펌프로 물을 길어 먹었다. 그 또한 10미터 남짓한 깊이로 거의 지표수였다. 왜냐하면 비가 오는 날과 그렇지 않은 날 수량에 차이가 많이 났기 때문이다.

그러다가 대학교에 들어갈 무렵부터 마을 공동 취수 체계로 바꿰었는데, 그때부터 주민들은 수량도 수량이지만 수질에도 신경을 쓰기 시작했다. 수질 검사를 해보니 식수로는 적합하지 않다는 결과가 나왔다. 여기저기 몇 군데를 더 뚫어 봤지만 결과는 다 마찬가지였다. 고심 끝에 동네에서 멀리 떨어진 산골짜기에 모래와 자갈을 이용한 자연 정수 시설을 하고 땅속에 파이프를 묻어 마을 뒷산 취수 탱크에 모은 다음 각 가정으로 연결하였다. 그 결과 가정에 도달한 물에는 석회분이 거의 들어 있지 않아 식수로 적합한 물이 되었다.

그런데 비가 오는 날이면 흙탕물이 섞여 들어오는 바람에 또 다른 문제가 생겼다. 마을 이장 아저씨가 당시 대학에서 지질학을 전공하고 있던 나를 붙잡고 통사정을 하는 바람에 얼떨결에 마을 주변의 지질과 수질 검사를 하게 되었다.

우리 동네를 포함한 주변의 암석은 대부분 사암, 셰일, 역암 등의 퇴적암인데 문제는 입자 사이를 메우고 있는 기질(matrix)에 석회 성분이 너무 많이 들어 있다는 점이었다. 또한 그 아래의 기반암에는 대규모 석회암이 분포하고 있어 우리 동네의 지하수에 석회 성분이 많이 들어 있는 것은 너무나 당연한 일이었다.

재미있는 것은 조금이라도 깨끗하라고 땅속 깊은 곳에서 뽑아 올린 물에는 석회 성분이 많이 들어 있는 반면, 개울물이나 마을 뒷산 물탱크에 모아둔 물에는 석회 성분이 거의 없었다. 이런! 흐르는 개울물이 식수로 더 적합하다니⋯⋯.

이런 차이는 바로 온도의 차이 때문이다. 깊게 뚫은 관정에서 나온 물은 온도가 낮아 성회 성분이 녹아 있는 반면, 흐르는 개울물은 상대적으로 온도가 높아 석회 성분이 이미 침전되고 남아 있지 않은 것이다. 탄산의 용해 정도는 온도에 반비례하는데 시원한 탄산음료가 더 톡 쏘는 맛을 내는 이유가 바로 그것이다. 지금은 우리 마을에서 멀리 떨어진 댐에서 취수한 물을 정수 처리한 후 마을까지 공급하는 상수도 시스템이 마련되어 더 이상 식수로 인한 걱정은 하지 않아도 된다.

4장

지구의 과거,
현재, 그리고 미래

1

지구 온난화와 빙하기

미국 동부를 여행하면서 뉴욕을 빠뜨릴 수는 없다. 사진이나 영화 등을 통해 워낙 자주 접한 도시일 뿐 아니라 원래 사람 많고 복잡한 곳을 좋아하는 성격이 아니라 썩 내키지는 않지만, 그래도 '세계의 수도'라는 별명답게 볼 것이 많은 도시임은 분명하다.

나는 뉴욕을 대표하는 상징물 가운데 하나인 자유의 여신상을 보면서, 문득 오래전에 본 영화의 한 장면을 떠올렸다. 여신상의 가슴께까지 차오른 바닷물이 꽁꽁 얼어붙어 고드름이 주렁주렁 매달린 장면…… 영화 〈투모로우〉 이야기다. 원래 제목은 〈더 데이 애프터 투모로우 The day after tomorrow〉, 즉 '모레'인데 어찌 된 영문인지 우리나라에서는 그냥 〈투모로우〉, '내일'로 둔갑했다.

어쨌거나 갑작스레 지구에 빙하기가 몰아닥치면서 벌어지는 파국을 그린 일종의 재난 영화인데, 영화 자체의 완성도에 대해 언급할 입장은 아니지만 지구과학 교사의 관점에서 생각할 거리가 참 많은 영화였던 것으로 기억한다. 그 중에서도 지구에 빙하기가 닥

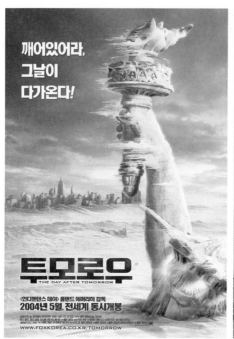

〈사진 4-1〉 영화 〈투모로우〉와 자유여신상

치는 원인에 대한 설정이 흥미롭다. 지구 온난화가 빙하기를 초래한다는 것이다. 지구가 따뜻해지기 때문에 추워진다고? 얼핏 보면 말이 안 되는 역설 같지만, 꼭 그렇지는 않다. 이 말을 이해하기 위해서는 먼저 '해류'라는 개념을 알아야 한다.

해류란 말 그대로 바닷물의 흐름을 뜻하는데, 겉으로 아무리 잔잔해 보이는 바다라 할지라도 실제로는 끊임없이 어딘가로 흐르고 있다. 그것도 그냥 아무렇게나 이동하는 것이 아니라 일정한 방향성과 패턴을 가지고 흐른다. 또한 바다의 표면뿐만 아니라 우리 눈에 보이지 않는 바다 속 깊은 곳에서도 끊임없는 흐름이 이어진다.

바다 표면의 흐름을 표층 해류라 하고, 바닷속의 흐름을 심층 해류라고 한다.

러버 덕

자, 이 대목에서 1992년에 발생한 해상 사고 한 토막을 들여다보자. 홍콩을 출발해 미국으로 가던 화물선 한 척이 북태평양에서 풍랑을 만나 흔들리다가, 배에 실려 있던 고무 오리 인형 2만9천 개가 바다 위로 쏟아졌다. 흔히 '러버 덕(rubber duck)'이라고 하는, 아이들이 목욕할 때 욕조 안에 띄워 놓고 노는 노란색 장난감 오리 인형이다.

다행히 배는 침몰하지 않았고 오리 인형 역시 치명적인 오염 물질은 아니니 조그만 해프닝 정도로 끝났을 이 사고가, 한 해양학자

〈그림 4-1〉 **러버 덕** (출처-http://jinh.tistory.com/705)

의 집념 덕분에 뜻하지 않은 방향으로 전개되기 시작했다. 예전부터 해양학자들은 해류의 흐름을 파악하기 위해 "이 병을 습득하신 분은 어디어디로 연락해 주세요." 하는 편지가 든 유리병을 바다에 띄우곤 했다. 보통 5백 개에서 1천 개 정도를 띄우는데, 회수율은 대략 2퍼센트 가량이라고 한다.

그러나 이 오리들은 무려 2만9천 개가 방생(?)되었으니 회수율 2퍼센트로 치면 6백 개 가까이가 어딘가로 상륙한다는 계산이었다. 아니나 다를까, 이 오리들은 호주 북부 해안가를 시작으로 알래스카, 캐나다, 미국은 물론 영국, 스페인, 이탈리아 등 유럽의 해안까지 도달했다. 특히 그 가운데 2천 마리 가량의 오리들은 일본, 동남 아시아, 알래스카, 코디액, 알류산 열도를 잇는 이른바 북태평양 환류를 따라 커다란 원을 그리며 돌고 있는 것으로 확인되었다. 예전에도 이 환류의 존재는 알려져 있었지만 완전히 한 바퀴를 도는 데 3년 남짓이 걸린다는 사실은 이 오리들 덕분에 새로 밝혀졌다 한다.

표층 해류

이 오리들을 실어 나른 해류는 표층 해류다. 표층 해류는 바람의 방향과 육지의 분포, 그리고 전향력에 의해 그 방향과 크기가 정해진다. 크게 봐서 각 대양별로 북반구에서는 시계 방향, 남반구에서는 반시계 방향으로 순환한다.

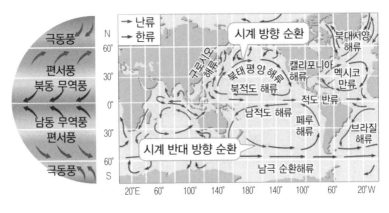

〈그림 4-2〉 **표층 해류의 순환**

북태평양을 예로 들면 '북적도 해류 ⇒ 쿠로시오 해류 ⇒ 북태평양 해류 ⇒ 캘리포니아 해류'의 큰 순환이 일어난다.

먼저 북적도 해류는 태평양의 적도 부근을 따라 동에서 서로 흐르는 해류 중 북반구에 흐르는 해류이다. 이들은 태평양 서쪽에 분포하는 육지(인도네시아, 보르네오 섬 등)에 막혀 오른쪽(북쪽)으로 방향을 바꿔 우리나라 쪽으로 올라오는데 이를 쿠로시오 해류라 부른다. 한편 편서풍의 영향으로 태평양 서쪽에서 동쪽으로 흐르는 해류가 북태평양 해류이다. 마찬가지로 태평양 동쪽에 위치하는 육지(북미 대륙)를 만나 위(북쪽)와 아래(남쪽)로 갈라져 흐른다. 북쪽으로 흐르는 해류를 알래스카 해류, 남쪽으로 흐르는 해류를 캘리포니아 해류라 한다.

얼핏 보면 해류의 방향이 바람의 방향과 일치하는 것처럼 보이지만 실제 과정은 조금 더 복잡하다. 기압의 차이 때문에 공기의 흐름, 즉 바람이 생기는 것과 마찬가지로 바닷물의 흐름 역시 수압의 차이 때문에 발생한다. 수압의 차이란 곧 해수면의 높이 차이를 말하는데 이런 차이를 일으키는 근본 원인은 바람이다. 그러니 바람이 해류를 일으키는 근본 원인이라고 해도 틀린 말은 아니다.

하지만 재미있는 것은 바람으로 인해 발생한 해류가 바람의 방향과 완벽하게 일치하지 않는다는 점이다. 이것은 전향력 때문인데, 해수 표면에서는 45도 오른쪽으로, 수심이 깊어질수록 점점 오른쪽으로 방향이 바뀌어 간다. 이런 현상을 '에크만 나선' 또는 '에크만 수송'이라 부른다. 그 유래는 이렇다.

19세기 말 노르웨이의 탐험가인 난센은 북극해를 탐험하던 중 빙산들의 움직임이 바람의 방향과 일치하지 않고, 풍향의 오른쪽으로 20°~40° 치우친 것을 알아내고 이상하게 생각했다. 당시 대학원생이던 에크만이 그 사실을 전해 듣고 오랜 연구 끝에 해류의 방향이 바람의 방향과 일치하지 않고 북반구에서는 바람이 부는 방향의 오른쪽 직각 방향으로 흐른다는 사실을 알아냈다고 한다.

다시 태평양으로 돌아오면, 저위도(0~30도)의 동에서 서로 부는 무역풍과 중위도(30~60도)의 서에서 동으로 부는 편서풍 때문에 발생한 에크만 수송으로 그 사이가 부풀어 오른다. 그 결과 가운데 부분과 아래(남), 위(북) 사이에 수압의 차(해수면의 높이 차)가 생긴다. 그렇게 생긴 수압차로 인해 해수는 다시 움직이게 되며 동시에 전향력이 작용하여 오른쪽으로 휘어지면서 흐르는데 이것이 바로 북적도 해류와 북태평양 해류다. 이처럼 겉보기에는 바람이 부는 방향을 따라 해류가 흐르는 것처럼 보이지만 그 속에는 에크만 수송과 같은 복잡한 과정이 숨겨져 있다.

심층 해류

다음은 심층 해류에 대해서 살펴보자. 해수는 바람의 영향이 미치지 않는 깊은 바닷속에서도 느리기는 하지만 끊임없이 흐른다. 심층 해류의 원인은 밀도 차이 때문인데 밀도는 온도가 낮을수록, 염분이 높을수록 크다. 그래서 극지방 그린란드 해역의 해수는 수온이 낮아 밀도가 크기 때문에 아래쪽으로 가라앉아 저위도로 흐른다.

자, 그럼 이 같은 해류의 성질과 영화 〈투모로우〉에서 빙하기의 도래는 무슨 관계가 있을까? 온실가스의 과다 배출로 지구의 온도가 올라가면 극지방의 빙하가 녹을 것이고, 빙하가 녹으면 바닷물의 온도는 올라가고 염분 농도는 낮아져 결과적으로 밀도가 작아지게 된다. 밀도가 충분히 커야 바닷물이 밑으로 내려갈 텐데, 극지방 해수의 침강이 약해지거나 일어나지 않음으로 인해 해류의 순환이 느려지거나 멈춘다. 극지방의 바닷물이 내려오지 않는다는 이야기는 곧 적도의 더운 바닷물이 올라가지 못하는 결과로 이어지고, 그러면 연쇄적으로 저위도로부터 해류에 의해 전달받는 에너지가 끊어짐으로 인해 극지방 기온이 더 내려가 빙하의 크기가 더 커지고 넓어지게 된다. 물론 영화에서는 극적인 효과를 위해 좀 과장되기는 했지만 원리 자체가 틀린 얘기는 아니다.

지구 온난화

요즘 이상 기후와 관련하여 가장 많이 듣는 얘기는 지구 온난화와 엘니뇨이다. 이 둘은 모든 기상 이변 현상의 주범으로 꼽힌다. 사실이기는 하지만, 워낙 복잡한 메카니즘을 가진 기상 현상을 설명하는 답변으로는 너무 무책임하다는 생각이 든다.

사실 지구에 생명체가 존재할 수 있는 것은 바로 '적당'한 지구 온난화 덕분이다. 알다시피 지구를 둘러싼 대기는 태양으로부터 들어오는 에너지는 통과시키는 반면 지구가 방출하는 에너지 중 일부를 일시적으로 차단함으로 인해 지표 부근의 온도를 일정하게 유지하는 역할을 한다.

이불을 덮고 있으면 보일러가 꺼져 있을 때도 기존의 보일러 열기가 이불에 막혀 밖으로 잘 빠져나가지 않으므로 이불 속의 온도가 어느 정도 따뜻하게 유지되는 이치와 같다. 지구와 가까운 금성과 화성에 생명체가 살기 힘든 이유 중의 하나가 바로 '적당하지 않은' 온실 효과 때문인데, 금성은 태양과 가까워 보일러의 세기도 지나치게 셀 뿐 아니라 이불이 두꺼워 너무 더운(?) 반면, 화성은 이불이 너무 얇아서 보일러가 들어오지 않을 때는 너무 추워서 살 수가 없다.

그래서 '적당한' 온실 효과는 반드시 있어야 되는 것이다. 만일 지구에 대기가 없었다면 지구의 평균 온도는 영하 18도로 생명체가 살기 힘들었을 것이다. 온실 효과에 영향을 주는 기체로는 수증기, 이산화탄소, 메탄, 오존 등이다. 그중에서 수증기의 영향력이 가장 크지만 인간의 통제권 밖이라 어쩔 수 없고, 인간 활동과 관련하여

발생한 기체 중에서 우리가 온실가스의 주범으로 생각하는 이산화
탄소는 총량에서는 1등이지만 기체 1개로 따지면 메탄이나 오존에
비해 훨씬 작다. 아무튼 산업화 이후 이산화탄소로 인해 지구의 기
온이 올라간 것은 1도 정도이다. 기껏 1도냐고 반문하는 사람도 있
을지 모른다. 그렇다. 기껏 1도다. 생각해 보면 별거 아닌 것처럼
보이기도 한다. 좀 더 얇은 옷을 입거나 선풍기를 좀 더 세게 틀면
될 것도 같다. 그렇게만 되면 얼마나 좋을까.

'지나친' 온실 효과로 인한 영향은 엄청나다. 우선 생각할 수 있
는 것은 해수면의 상승과 기후 변화이다. 만일 기온이 섭씨 3도 올
라서 남북극의 빙하가 다 녹는다면 해수면은 약 7미터 정도 상승하
는데, 그러면 육지의 약 3퍼센트가 물에 잠길 것으로 예상된다. 이
것 또한 아무것도 아니라고 생각할 수 있지만, 현재 세계 인구의 약

〈그림 4-3〉 **지구 온난화**

[우리 때문에 흘리는 눈물이기에 우리가 닦아야 할 책임이 있다.]

1/3이 해안가에 거주하고 있다는 사실을 생각하면 거의 재앙이라 할 수 있다. 다음으로, 국지적이든 전 지구적이든 기후의 변화는 생태계에 큰 영향을 미칠 수밖에 없다. 아니 지금의 생태계가 완전히 파괴될 수도 있다. 결국 생태계의 최상위에 위치한 인간도 그 변화의 소용돌이에서 살아남기는 쉽지 않을 것이다.

엘니뇨와 라니냐

기상 뉴스에서 잊을 만하면 나오는 게 엘니뇨다. 엘니뇨란 3~4년을 주기로 해수면의 온도 상승 때문에 나타나는 이상 기후 현상을 말하는 거니까, 잊을 만하면 나오는 게 맞다. 스페인어 '엘니뇨(El Niño)'를 영어로 번역하면 'the boy'가 되는데, 소년들 중에서도 특별히 '아기 예수'를 의미하기도 한다. 그렇다면 '소년' 혹은 '아기 예수'가 어떻게 해서 이상 기후 현상을 뜻하게 되었을까?

당연한 얘기지만, 바닷물의 온도는 적도 부근이 가장 높다. 그런데 같은 적도 지역이라 하더라도 서쪽이 동쪽보다 좀 더 높다. 그것은 동쪽에서 서쪽으로 이동하는 바람(무역풍)과 해류(적도 해류) 때문이다. 그로 인해 적도 바다는 서쪽이 동쪽보다 수온이 더 높고, 동시에 바다의 영향을 받는 대기의 온도도 서쪽이 더 높다.

결론적으로, 평소에 태평양의 서쪽은 저기압이 발달하여 흐리거나 비가 많이 내리는 반면, 동쪽은 고기압이 발달하여 대체로 맑거나 비가 거의 오지 않는다. 그런 이유로 태평양의 동쪽에 해당하는 남미 페루 앞바다에서는 일 년 내내 고기가 잘 잡힌다. 그 이유는 남적도 해류가 흘러간 자리를 메우려고 심해의 찬 해수가 올라오는데, 이 해수에는 물고기의 먹이인 영양염류가 많이 들어 있기 때문이다.

그런데 언제부터인가 12월 하순(남반구는 여름), 크리스마스 무렵에 바다의 수온이 올라가는 현상이 나타나기 시작했다. 평상시와 달리 수온이 비정상적으로 올라가면 먹잇감이 없어진 고기들은 다른 데로 이사를 가버린다. 어부들은 고기가 없는데 바다에 나가봤자 허탕을 치기 일쑤고, 따라서 아예 출어를 포기하고 집에서 가족과 함께 아기 예수의 생일인 크리스마스를 보냈는데, 이것이 '엘니뇨'를 기상 현상과 연결시키게 된 계기가 된 모양이다.

좀 더 자세히 설명하면, 태평양 동쪽의 수온 상승은 서쪽과 비교할 때 평소보다 온도 차이가 적거나 오히려 더 높아지는 현상이다. 그 결과 평소 고기압이 발달하던 동쪽 지역에 흐리거나 비가 자주 오는 저기압이 발달하고, 반대로 저기압이 발달하던 서쪽 지역이 날씨가 맑은 고기압이 발달하는 지역으로 바뀐다. 이처럼 기상이 평소와 달라지니 '이변'이 생긴 것인데, 이는 태평양에만 국한되지 않고 지구 전체의 대기 순환에 영향을 끼쳐 세계 곳곳에서 기상 이변을 초래한다.

또한 동태평양의 바닷물 온도가 올라가면 적도 해류의 흐름이 약해지는데, 그 결과 영양염류가 풍부한 심층수가 위로 올라오지 않아 고기가 잘 잡히지 않게 된다. 그래서 페루 어민들은 "엘니뇨!"를 외치며 예수님께 기도한다는 것이다.

라니냐 또한 엘니뇨와 함께 기상 이변을 일으키는 요인으로 알려져 있다. 라니냐는 엘니뇨와 반대로 태평양 서쪽의 수온이 더 높아져서 평소보다 비가 더 많이 오는 이상 현상을 말한다. 당연히 동쪽은 평소보다 더 건조해지는 이변이 나타나는 것이다. 엘니뇨가 the boy라는 뜻이라고 했는데, 그와 반대되는 현상에 라니냐(the girl)라는 이름이 붙은 것은 당연해 보인다.

문제는 이런 엘니뇨와 라니냐가 페루의 어민들에게만 국한되는 고민이 아니라는 점이다. 지구는 하나의 거대한 유기체다. 어느 한 곳에 문제가 생기면 그것이 연쇄 반응을 일으켜 다른 곳에도 문제를 일으킨다. 이를테면 평소 비가 많이 오던 지역에 가뭄이 들어 대형 산불이 발생한다든지, 반대로 일 년 내내 비 한 방울 내리지 않던 사막에 홍수가 난다든지 하는 식이다.

실제로 2015년 겨울은 심각한 기상 이변으로 지구촌 전체가 몸살을 앓았다. 파라과이, 아르헨티나, 브라질, 우루과이 등 남미 국가 곳곳에 최악의 홍수가 나는가 하면, 미국 중남부 지방은 크리스마스에 벚꽃이 피는 이상 고온 현상과 살인적인 토네이도가 겹쳐 많은 피해를 냈다. 호주는 큰 산불로, 동남아시아와 아프리카는 살인적인 가뭄으로 곡물들의 생육이 지장을 받을 위기에 처했다. 에티오피아 등 아프리카에도 가뭄이 찾아들어 수백만 명이 식량 원조를 절실히 기다리는 상황에 처하게 되었다. 이 모든 이변과 재난의 주범으로 유난히 심했던 '슈퍼 엘니뇨'가 꼽혔다.

아직까지 엘니뇨의 직접적인 원인이라 할 수 있는 동태평양 해수의 온도 상승을 일으키는 원인에 대해서는 잘 모른다고 한다. 그러나 나는 오래전부터 그 원인을 알고 있었다. 헉?? 내가 대단해서가 아니라, 지질학자들은 다 알고 있는 사실이다. 안타까운 것은 기상학자들은 기상이 지질과 전혀 상관없다고 생각해서인지 묻지도 않고, 지질학자들 또한 월권이라 생각해서인지 나서서 말하지 않는 것 같다. 지금은 통섭의 시대인데도 말이다.

그 비밀은 동태평양 아래에 자리한 해령 속에 숨어 있다. 알다시피 해령(海嶺)은 두 해양판이 갈라지는 곳으로 그 사이를 통해 뜨거운 마그마가 올라오는 곳이다. 이 마그마의 영향으로 그 위 바닷물의 온도가 올라간 것으로 생각된다. 동태평양 해령의 활동 주기 또한 대략 3~4년이다.

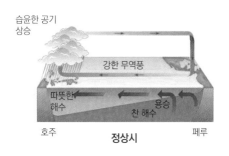

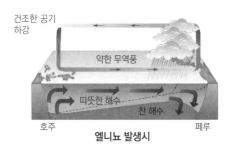

〈그림 4-4〉 엘니뇨와 기상 이변

지금은 빙하 시대?

그렇다면 과연 이러한 기상 이변과 온난화가 정말로 영화 〈투모로우〉에서처럼 빙하기의 도래로 이어질까? 특히 초대형 태풍의 눈을 통해 지구 상층부의 차가운 공기가 내리꽂히는 바람에 사람을 비롯한 지상의 모든 것이 산 채로 급속 냉동되는 장면은 생각만 해도 아찔하다. 이렇게 급속 냉동된 사체가 얼음 속에 묻혀 있으면 오랜 세월이 지나도 부패하지 않기 때문에 알래스카의 페어뱅크스에 있는 어느 레스토랑에서 매머드 스테이크를 판다는 소문이 돈 적도 있다. 어쨌거나 영화에도 나오듯이 위장 속에 아직 채 소화되지 않은 풀을 머금은 채 급속 냉동된 매머드가 실제로 발견되는 것은 사실이고, 그 원인에 대해서는 아직도 학자들 사이에 의견이 분분한 모양이다.

사실 빙하기에 대해서는 아직 뚜렷한 정의가 내려져 있지 않다. 지구가 탄생한 이후 지금까지 최소 다섯 차례 이상의 빙하기가 있었으며, 이른바 '눈덩이 지구'라 해서 적도 지역까지 빙하로 뒤덮인 시기가 있었다는 주장도 있다. 실제로 적도 지역에서 빙하의 흔적이 발견되기도 하는데, 정말로 그것이 지구 전체가 얼음으로 뒤덮인 증거가 될 수 있는지는 확실하지 않다.

적어도 지구의 온도가 일정한 주기에 따라 오르락내리락하는 것은 사실인 듯하다. 유고슬라비아의 수학자이자 천문학자인 밀란코비치(Milutin Milanković)는 이미 백 년 전에 지구의 기후를 변화시키는 요인을 연구해 이른바 '밀란코비치 주기'라는 것을 만들었다.

그에 따르면 지구 자전축의 기울기, 지구 공전궤도의 이심률, 지구의 세차 운동, 태양 활동의 변화 등 네 가지가 태양의 복사 에너지양과 지구에 도달하는 양을 좌우하는 요소라고 한다.

자전축의 기울기는 대략 23.5도라고 알려져 있는데, 4만6천 년을 주기로 21.5도에서 24.5도 사이를 오르내린다. 자전축의 기울기가 크면 클수록 극지방에 태양 에너지가 많이 공급되기 때문에 빙하가 차지하는 면적이 줄어든다.

또한 지구가 태양 주위를 도는 공전 궤도는 완전 동그란 원이 아니라 한쪽으로 일그러진 타원에 가까운데, 이 일그러진 정도를 이심률이라고 한다. 이심률이 0이라는 말은 곧 완전한 원이라는 뜻이다. 이심률이 클수록 타원은 많이 일그러지고, 이는 곧 지구와 태양의 거리가 그만큼 멀어질 때가 생긴다는 뜻이다. 지구와 태양의 거리가 멀어질수록 지구의 온도는 내려간다. 공전 궤도의 이심률은 10만 년을 주기로 0.005에서 0.058 사이를 오가는 데, 지금의 이심률은 0.017이다.

이 같은 밀란코비치 이론에 따르면 가장 최근의 빙하 시대는 8만여 년 전에 정점을 찍은 뒤 약 1만~1만5천 년 전에 끝이 나고 지금은 간빙기를 지나고 있는 것으로 요약된다. 하지만 빙하기의 정의를 '지구의 기온이 오랜 시간 동안 하강하여 북반구와 남반구의 빙상(ice sheet)이 확장한 시기'라고 규정한다면, 전체 육지의 약 10분의 1이 빙하로 덮여 있는 지금도 넓은 의미의 빙하기에 포함된다고 볼 수 있다.

현실적으로 〈투모로우〉에서처럼 지구 전체가 꽁꽁 얼어붙는 무지막지한 빙하기가 아니더라도, 3~4년 동안의 평균 기온이 3~4도 가량 내려가면 빙하기로 봐야 한다는 주장도 설득력이 있다. 30~40도도 아니고 3~4도쯤이야 별거 아니라고 생각할 사람이 있을지도 모르겠다. 옷 한 겹 더 입고, 난방 좀 더 하면 된다고 생각할 수도 있다. 문제는 그렇게 간단하지 않다.

예를 들어 벼농사가 가능한 북방 한계선이 있다. 옛날에는 임진강 이남에서만 벼농사를 지을 수 있었는데, 지금은 품종 개량으로 그 한계선이 북위 51도까지 올라갔다고 한다. 하지만 만약 평균 기온이 3-4도 내려가면 우리나라에서 벼농사가 가능한 지역은 크게 줄어들 것이다. 이런 식으로 기온의 변화는 곡물 경작에 커다란 영향을 미친다.

빙하기가 와도 얼어 죽지 않을 수는 있다. 얼어 죽기 이전에 굶어 죽을 공산이 더 크다. 그러나 이는 굉장히 도덕적인 관점이다. 당장 먹을 것이 없는데 가만히 앉아서 굶어 죽을 사람은 없다. 먹을 것이 남아 있는 옆 동네에 눈독을 들이게 마련이다. 빙하기가 오면 얼어 죽기보다는 굶어 죽을, 굶어 죽기보다는 서로 싸우다 죽을 가능성이 더 커진다는 농담 아닌 농담이 설득력을 갖는 이유다.

그랜드 캐니언

흔히 그랜드 캐니언(Grand Canyon) 그 자체를 '지질학 교과서'라 부른다. 내가 그 말에 백퍼센트 동의할 수밖에 없는 것은, 내가 공부하던 지질학 교과서의 표지에 그랜드 캐니언의 사진이 박혀 있었기 때문이다. 학창 시절, 나는 그 책 표지의 그랜드 캐니언 사진을 골백번도 더 들여다보았다.

세월이 흘러 박사 학위를 받고 교사 생활을 시작한 뒤, 나름대로 여행을 많이 다닌다고 다녔지만 이상하리만치 이 그랜드 캐니언과는 인연이 닿지 않았다. 한 사람의 지질학도로서 또한 학생들에게 지구과학을 가르치는 교사의 입장에서, 지구의 역사를 속속들이 보여 주는 단면도와도 같은 그랜드 캐니언을 한 번도 가보지 못했다는 사실은 적지 않은 부채가 되어 내 가슴을 짓눌렀다.

협곡은 어디에?

그러던 어느 날, 드디어 기회가 왔다. 2010년, 미국 캘리포니아의 어바인 대학에서 마련한 영재 교육을 위한 과학 교사 연수에 참가하게 되었는데, 연수 프로그램 중 현장 탐방의 하나로 그랜드 캐니언이 포함되어 있었다. 전국 각지에서 모인 다른 교과 연수 선생님들과 함께 로스앤젤레스에서 관광 버스를 타고 그랜드 캐니언을 향할 때는 마치 수능 시험장으로 향하는 재수생처럼 가슴이 두근거렸다.

이윽고 목적지에 도착해 버스를 내렸을 때, 조금 당혹스러웠다. 내가 엉뚱한 버스를 타고 온 것일까? 주차장은 그냥 평탄한 평지였고, 주위를 아무리 둘러봐도 협곡이 있을 만큼 험준한 산세는 보이지 않았다. 내 머릿속에 자리한 협곡은 산이 갈라진 골짜기였고, 그것도 그냥 협곡이 아니라 아주 '그랜드'한 협곡이라면 엄청난 산악 지형 한복판에 자리하고 있어야 지당했다. 어리둥절한 표정으로 일행을 따라 주차장을 벗어난 나는, 사람들이 모여 있는 난간 앞에 도착하고서야 망치로 뒤통수를 한 대 얻어맞은 듯한 충격에 사로잡혔다. 그냥 그랜드가 아니라 '슈퍼 울트라 그랜드'한 협곡은, 내눈 위가 아니라 내 발 아래에 펼쳐져 있었다.

지금도 그때를 생각하면 얼굴이 화끈거린다. 높은 곳에 올라가려면 강원도 미시령 골짜기처럼 가파른 오르막을 굽이굽이 올라가야 한다는 내 잠재의식과는 달리, 내가 탄 버스는 완만한 경사를 몇 시간 동안 달려 이미 해발 2천 미터 고지에 올라와 있었던 것이다. 이렇게 그랜드 캐니언은 첫 대면에서부터 어리버리한 시골 학교 지

〈사진 4-2〉 **그랜드 캐니언의 전경**

1, 평지(전망대)에서 본 모습   2. 경비행기를 타고 상공에서 내려다본 모습

구과학 선생의 기를 있는 대로 꺾어 놓았지만, 책에서 그림이나 사진으로만 봐온 온갖 지형과 지층들이 고스란히 속살을 드러낸 채버티고 선 모습은 그야말로 충격과 경악, 그 자체였다.

낙숫물이 댓돌 뚫는다!

　그랜드 캐니언이 보는 이를 압도하는 가장 직접적인 요인은 그 엄청난 규모다. 협곡의 폭이 좁은 곳은 200미터 남짓이지만 제일 넓은 곳은 거의 30킬로미터에 이른다. 길이는 공식적으로 443킬로미터라 되어 있는데, 예를 들어 서울에서 부산까지 땅이 쩍 갈라져 있다고 생각하면 얼추 비슷할 것이다. 깊이는 1600미터, 그 까마득한 밑바닥에 검푸른 콜로라도강이 도도히 흘러간다.

　그렇다면 의문은 도대체 어쩌다가 이런 거대한 협곡이 생겼을까 하는 것으로 이어진다. 대지진이 발생해 하루아침에 땅이 좍 갈라져 버렸다면 이야기가 간단하겠지만 안타깝게도 그렇지는 않다. 우선 7천만 년 전에 이 부근의 땅이 조금씩 솟아오르기(융기) 시작한 것이 사태의 발단이다. 앞서 그랜드 캐니언의 주차장이 이미 해발 2천 미터 정도라고 했는데, 이것은 협곡의 남쪽 가장자리(South Rim) 이야기고 북쪽 가장자리(North Rim)는 그보다 4백 미터가량 더 높다. 7천만 년 전에 시작된 융기 때문에 이렇게 들어 올려진 땅을 콜로라도 고원(Colorado Plateau)이라 부른다.

　이때부터 협곡을 만든 주범, 콜로라도강의 활약이 시작된다. 북쪽의 로키 산맥에서 흘러내린 물이 이 고원 지대를 지나가면서 땅을 조금씩 갉아 들어간 것이 가장 직접적인 그랜드 캐니언의 형성 원인으로 지목되는 것이다.

　강물 때문에 이런 엄청난 협곡이 생겼다니, 그게 말이 되냐고?!?! 옛말에 '낙숫물이 댓돌 뚫는다' 는 속담이 있다. 중국에도 '수적

천석(水滴穿石)'이라는 고사성어가 있다. 영어의 "Constant dripping wears away a stone"이라는 속담 역시 같은 맥락이다. 아무리 어렵더라도 꾸준히 노력하면 안 되는 일이 없다는 의미를 강조하기 위한 비유적인 표현이라고 생각할 수도 있지만, 단지 비유에 그치는 것만은 아니다. 단적인 예로 '워터젯(water-jet)'이라는 절삭 공구를 떠올리면 이야기가 달라진다. 워터젯은 고압의 물을 뿜어내 철판을 자르는 장비다. 물로 돌이 아니라 쇠까지 자른다는 뜻이다. 물론 워터젯은 물의 압력과 분사 속도를 높이기 위한 별도의 에너지가 필요하다.

그러나 콜로라도 강물에게는 워터젯이 가지고 있지 못한 결정적인 무기가 있으니, 바로 시간이다. 수백, 수천 년이 아니라 수백만, 수천만 년으로 단위가 올라가면 제아무리 단단한 돌이라도 깎이고 패일 수밖에 없다. 일단 경사면이 생기기 시작하면 강물뿐 아니라 빗물도 만만찮은 힘을 보탠다.

앞에서 그랜드 캐니언의 북쪽 가장자리가 남쪽 가장자리보다 400미터가량 높다고 했는데, 이런 높낮이의 차이 때문에 협곡 남쪽 사면의 경사가 북쪽 사면보다 훨씬 가파르다. 가파른 경사면으로 빗물이 흘러내리면 물과 함께 떠내려가는 모래나 자갈 같은 알갱이들이 부딪혀 더욱 침식 속도가 빨라진다.

물이 똑같은 속도와 세기로 흘러간다고 할 때, 상대적으로 무른 지층은 빨리 깎여 나갈 것이고 단단한 지층은 더 오랫동안 버틸 것이다. 이런 현상을 '차별 침식'이라 하는데, 아래를 받치고 있던 무른 지층이 쓸려 나가면 받침을 잃어버린 그 위의 지층이 와르르 무너져 내려 흔히 말하는 '깎아지른 절벽'이 생기기도 한다.

그랜드 캐니언의 지층

이렇게 해서 노출된 그랜드 캐니언의 지층은 크게 세 부분으로 구분된다. 협곡의 제일 낮은 바닥 부근에는 이른바 '비슈누 기반암'이라고 하는 암석이 받치고 있다. 대략 18억 4천만 년에서 16억 8천만 년 전에 화성암과 변성암이 뒤섞여 형성된 암석들이다. 그 위에는 12억 년에서 7억 년 전에 생긴 화산암과 퇴적암이 모여 있는데, 이를 '그랜드 캐니언 누층군(Supergroup Rocks)'이라고 한다. 그 위에는 대략 5억 년에서 2억 년 전에 생긴 퇴적암이 거의 수평을 이루며 노출되어 있다.

우리가 앞서 살펴본 지질 시대 구분에 의하면, 그랜드 캐니언의 기반암이 형성된 18억 년 전이면 선캄브리아대 중에서도 고원생대에 해당한다. 그랜드 캐니언 누층군이 만들어진 12억 년 전은 중원생대였고, 제일 윗부분으로 올라와야 겨우 선캄브리아대를 벗어나 고생대로 들어선다.

이렇듯 말 그대로 억겁의 세월에 걸쳐 형성된 땅덩어리가 마치 두부 자르듯 뚝 잘려 그 단면이 생생하게 드러나 있으니 어찌 놀랍지 않은가. 물론 그랜드 캐니언은 지질학에 대해 아무것도 모르는 사람들의 눈에도 너무나 신비롭고 웅장하지만, 이왕이면 약간의 예비 지식을 갖추고 보면 그 감동이 배가될 것이다.

Grand Canyon's Three Sets of Rocks

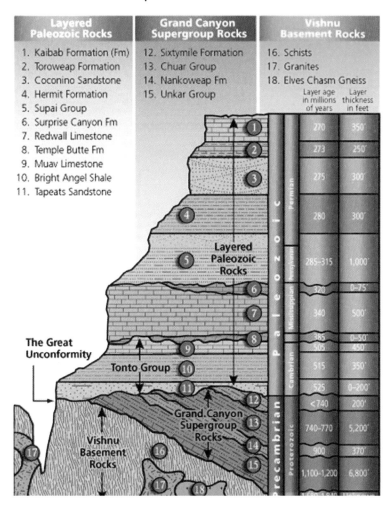

〈그림 4-5〉 **그랜드 캐니언의 지층**

[Formation(층), Group(층군) Supergroup(누층군)이란 용어는 지층을 구분하는
(암질층서) 단위이다.]

참고로, 그랜드 캐니언은 1908년에 시어도어 루스벨트 대통령에 의해 내셔널 모뉴먼트(National Monument, 국립기념물, 준 국립공원에 가깝다)로 지정되었고, 이후 우드로 윌슨 대통령 재임 시절인 1919년에 국립공원(National Park)으로 승격되었다. 당시 루스벨트 대통령이 그랜드 캐니언에 와보고 남긴 명언이 인상적이다.

"(다른 어디서도 찾아볼 수 없는 이 위대한 자연을) 있는 그대로 내버려두라. 사람은 이곳을 더 좋게 만들 수 없다. 세월이 이곳을 만들었고, 사람은 오로지 망가뜨릴 수 있을 뿐이다."

구구절절 옳은 말이다. 그러나 만약 루스벨트가 7천만 년 전에 생긴 콜로라도 고원을 보고 "그 무엇도 자연이 만든 이 아름다운 고원을 망가뜨릴 수 없다"며 콜로라도강을 막아 버렸다면 어떻게 되었을까 하는 부질없는 공상에 잠시 빠져 본다.

３

피오르 해안과 U자형 계곡

그랜드 캐니언이 콜로라도강의 흐름으로 인해 생긴 거대한 V자형 계곡이라면, 캐나디안 로키 산맥에서는 빙하가 흘러내리면서 만들어낸 거대한 U자형 계곡을 볼 수 있다. 우리나라의 척추라 불리는 태백산맥의 길이가 대략 600킬로미터 남짓인데 비해, 로키 산맥의 길이는 무려 4,800킬로미터에 달한다. 사실상 북미 대륙의 서쪽 전체를 남북으로 가로지른다고 해도 과언이 아니다. 봉우

〈지도 4-1〉 **로키 산맥**

리의 높이 역시 800미터에서 1천 미터 사이가 대부분인 태백산맥과 달리, 3천 미터를 훌쩍 넘는 고봉들이 즐비하다.

우리 가족은 2014년의 1차 북미 횡단 때 자동차를 운전해 캐나다 로키를 서에서 동으로 넘어갔다. 캐나다 로키 안에는 재스퍼와 밴프라는 두 개의 중심 도시가 있는데, 이 두 도시를 잇는 300킬로미터 남짓의 93번 도로는 세계 최고의 드라이브 코스로 꼽기에 부족함이 없다. 유일한 단점은 너무나도 아름다운 풍경이 너무나도 오랫동안 펼쳐지기 때문에 나중에는 면역(?)이 되어 시큰둥해진다는 점이라고나 할까.

거대한 얼음 벌판

두 도시의 중간쯤 되는 곳에 컬럼비아 아이스필드라는 거대한 얼음 벌판이 자리 잡고 있다. 캐나다 서부 지역 대부분의 산이 얼음에 뒤덮여 있던 1만 년 전에 생겨난 이 빙하의 넓이는 325km², 깊이는 360m로, 북극을 제외하면 최대 규모로 알려져 있다. 바퀴 하나가 어른 키 정도 되는 특수 버스를 타고 이 빙원의 초입까지 들어가 얼음을 직접 밟아볼 수 있다.

한여름인 7월에 갔는데도 두툼한 점퍼를 입어야 될 정도로 쌀쌀했지만, 한편에서는 얼음 녹은 물이 조그만 개울을 이루며 졸졸 흘러내렸다. 빙원이 아무리 넓다지만 이러다가 머지않아 다 녹아 없어지는 것 아닌가 하는 걱정이 들 정도였다. 물론 10월만 되면 다시

〈사진 4-3〉 컬럼비아 아이스필드

1, 2. 사진으로는 그냥 흙으로 보이지만 실제로는 전부 얼음이다.
3. 빙하가 긁고간 자국 4. 1992년, 빙하가 있던 위치

〈사진 4-4〉 **로키 산맥과 호수**

[석회 성분의 혼합과 침전으로 호수들은 애메랄드 색을 띠고 있다.]

눈이 내리기 시작해 녹아 없어진 얼음을 보충해 주겠지만, 지구 온난화의 영향으로 해마다 이 빙하의 길이가 점점 짧아지고 있는 것까지 막을 수는 없을 것이다.

자, 이제부터 우리의 상상력을 발동할 시간이다. 맨해튼의 세 배 크기라는 이 컬럼비아 빙하가 지금처럼 조금씩 녹아 흘러내리는 것이 아니라, 경사면을 타고 미끄러져 내려간다면 어떤 일이 벌어질까? 우리나라에서도 폭설이 내리면 이따금 그린하우스나 주택의 지붕이 내려앉는 사고가 생긴다. 눈의 무게는 생각보다 무겁다. 하물며 산꼭대기에 쌓인 만년설의 무게는 어느 정도일까? 임계점을 넘어서는 순간, 이 만년설은 자기 자신의 하중과 중력을 이기지 못하고 흘러내리기 시작하는데, 이렇듯 물이 아니라 얼음덩어리가 강처럼 흐르는 것을 빙하(氷河, glacier)라고 한다.

그렇다고 점성이 낮은 물 같은 액체가 흐르는 모습을 연상하면 곤란하다. 물체가 흐르는 특성을 다루는 학문을 유성학 혹은 유동학(rheology)라고 하는데, 여기에는 기체와 액체는 물론 고체도 포함된다. 고체인 얼음 역시 마치 용암이나 끈적끈적한 꿀이 흐르듯 경사진 곳에서 큰 압력을 받으면 아주 조금이나마 꾸준히 이동한다. 얼음이 두껍고 경사가 급할수록 더 잘 흐른다.

빙하는 아래 부분과 위 부분이 흐르는 속도에 차이가 있으며, 이 때문에 빙하 덩어리에 틈이 생기고 간격이 커져 점차 벌어진다. 이를 크레바스(crevasse)라고 한다. 또한 빙하의 밑바닥과 접촉하는 바위나 흙 같은 지표 물질이 깨지거나 불순물로 빙하 속에 섞여 들어가면 빙하가 이동할 때 이것들이 지표를 긁으면서 같이 이동한다.

이렇게 해서 빙하가 지나간 계곡에는 긁힌 자국이 뚜렷이 남는데, 이 자국을 살피면 당시 빙하가 흘러간 방향을 알 수 있다. 또한 그 밑에는 바닥이 뾰족한 V자 대신 완만한 U자 모양의 계곡이 생겨난다. 이 U자형 계곡이 로키의 산세를 설명하는 결정적인 키워드가 되는 것이다. 한자로는 빙하(氷)가 갉아먹은(蝕) 계곡(谷)이라는 뜻으로 '빙식곡' 이라 한다. 이른바 '혼(Horn)' 이라고 부르는 뾰족한 봉우리 역시 빙하 지형의 특징이다. 한자로는 '빙식봉' 이라고 하는데, 다른 부분이 빙하에 쓸려 나가고 거의 피라미드 모양으로 남은 험준한 봉우리를 이렇게 부른다. 알프스 산맥에는 마터호른, 바이스호른 등 유난히 '호른' 이라는 이름이 붙은 산들이 많은데, 이 호른이 바로 영어의 '혼' 에 해당한다.

빙하 지형의 특징으로 또 하나 흥미로운 것은 빙퇴석이다. 글자 그대로 풀이하면 '빙하로 인해 퇴적된 돌' 이라는 뜻인데, 빙하가 어느 시점에 녹아 버린 뒤 그 속에 갇혀 있던 흙이나 돌 등의 퇴적물이 겉으로 드러난 것을 일컫는다.

얼음이 아니라 물이 흘러내려도 퇴적물이 생긴다. 이때는 퇴적물의 입자가 상류에서 하류로 내려갈수록 작아진다. 예를 들어 산골짝의 계곡물 주위에는 삐죽삐죽한 바위들이 버티고 있지만 그 물이 내려올수록 반들반들한 차돌이 되었다가 마지막에는 모래가 되는 식이다. 이런 경우를 '분급(sorting)이 좋다' 라고 표현한다. 비슷한 놈들끼리 모여서 자리를 잡는다는 뜻이다.

그러나 빙퇴석의 경우, 마치 산사태가 난 것처럼 커다란 바위에서부터 미세한 점토에 이르기까지 크고 작은 돌들이 마구 섞여 있

〈사진 4-5〉 **빙식봉과 빙식곡**

1. 스위스 마테호른 - 빙식봉
2. 캐나다 로키 산맥 - 빙식곡

다. 예를 들어 집채만 한 바위가 빙하에 떠밀려 내려와 엉뚱한 곳에
내려앉은 나머지, 주변의 다른 환경과는 전혀 어울리지 않는 생뚱
맞은 풍경을 연출하는 경우가 있다. 이렇게 빙하 때문에 길을 잃고
엉뚱한 곳에 와 있는 바위를 '미아석'이라고 한다.

한때 우리나라 설악산 계곡이 빙하로 인해 생겼다는 주장이 제기되어 많은 사람의 관심을 끈 적이 있었다. 그것이 사실이라면 적어도 빙퇴석이 발견되어야 마땅하지만, 아직까지 그 시기에 우리나라 어디에서도 빙퇴석이 발견되었다는 보고는 없다. 이 말은 곧 마지막 빙하기에도 우리나라에는 빙하로 덮인 곳이 없었다는 뜻이다. 연구 자료에 의하면 마지막 빙하기 때 빙하로 덮인 지역은 유라시아 대륙과 북미 대륙의 반쯤이다. 대략 러시아와 중국, 캐나다와 미국의 경계선 부근에 해당한다.

여행을 위한 필요 충분 조건

캐나다 로키를 얘기하다 보니 갑자기 다른 생각이 나서 한 마디 덧붙인다. 이곳에 사는 많은 사람들이 동서로 대륙 횡단을 해보는 것이 꿈(?)이라고 한다. 캐나다의 땅 덩어리가 워낙 넓다보니 꿈까지는 아니더라도 쉬운 일은 아니다. 우리가 벌써 두 차례나 횡단을 했다고 하면 다들 놀란다. 심지어 이민 온 지 10년이 넘었는데 가까운 로키도 한 번 못 갔다고 하는 사람들도 있다. 대부분 먹고 사는 게 바빠서 여유가 없었다는 것이다. 맞는 말이다. 그분들을 무시해서 하는 말이 아니니 오해 없기 바란다.

여행을 하기 위해서는 돈과 시간은 필수 조건이다. 그런데 얼마나 많은 돈과 시간적 여유가 있어야 하는가는 생각해 볼 문제다. 충분한 조건이 갖추어지는 시기는 영원히 오지 않을 수도 있다. 그래서 돈과 시간이 없어 여행을 못한다는 것은 절대적인 이유는 못

된다. 형편에 맞추어 가면 되니까 그것은 선택의 문제이다.

그래서 누가 여행을 하는데 가장 중요한 게 뭐냐고 묻는다면 나는 '용기'와 '유연함'이라고 대답하고 싶다. 용기가 여행을 떠나기 전의 중요한 요소라면 유연한 사고와 태도는 여행 중에 가장 필요한 요소다. 집 떠나면 고생이라고, 여행이 아무리 좋아도 집보다편할 수는 없다. 익숙하지 않은 잠자리와 먹거리, 낯선 환경들은 불편하기 마련이다. 아무리 좋은 것도 스트레스가 될 수 있다. 더구나여행 기간이 길어지면 그 강도는 훨씬 더 커진다. 이런 어려움을 조금이나마 줄이고 즐거운 여행이 되기 위해서는 유연한 마음의 자세가 가장 중요하다.

어떤 방식의 여행을 선택하느냐는 개인의 취향이다. 시간과 경제적 여유 외에 개인의 성격과도 밀접한 관련이 있기 때문이다. 패키지 여행에서부터 완전 자유 여행에 이르기까지 다양한 형태가 있다. 요즘은 두 가지를 적절히 혼합한 방식이 인기가 많다고 한다.각각 장단점이 있으니 어느 것이 더 좋은가도 생각하기 나름이다.아무래도 패키지에서 자유 여행 쪽으로 갈수록 개인적으로 준비해야 할 일이 많으니 힘이 더 드는 것은 당연하다.

바닷가의 U자형 계곡

다시 본론으로 돌아와서, 같은 빙하 지형이지만 북유럽에서는캐나다 로키와는 또 다른 장관이 연출된다. 이른바 '피오르' 이야기다. 이 단어의 철자(Fjord)가 아주 생소한데, 노르웨이어에서 나온 단어라 그렇다. 영어로는 j를 제멋대로 i로 바꿔 fiord라고 쓰기도 하지만, 그보다 만만해 보이는 sound라는 단어를 쓰기도 한다. (소리를 뜻하는 sound와 철자는 똑같지만 전혀 다른 단어다.) 우리가 공부할 때는 이 Fjord를 '피요르드'라고 읽었는데, 요즘 외래어 표기법으로는 '피오르'가 표준인 모양이다. 아무튼 이 피오르를 한자로 쓰면 '협만(峽灣)'이 되는데, '협'은 골짜기를 뜻하고 '만'은 바다가 육지 안으로 쑥 들어와 있는 지역을 뜻한다. 골짜기처럼 생긴 만쯤으로 생각하면 될 듯하다.

간단히 말하면 위에서 살펴본 U자형 계곡에 바닷물이 들어온 곳을 피오르라고 한다. 로키 산맥은 워낙 내륙 깊숙한 곳이라 바닷물이 들어올 일은 없지만, 캐나다 동부에서는 피오르 해안을 흔히 찾아볼 수 있다. 그러나 Fjord라는 단어의 출처에서 미루어 짐작하듯, 피오르의 대표선수는 뭐니 뭐니 해도 노르웨이다.

우선 피오르 해안이 생기는 원리는 로키 산맥의 U자형 계곡과 동일하다. 단, 해당 지역이 바다에서 가까워 빙하가 바다로 흘러든다는 점이 다를 뿐이다. 다시 한 번 설명하자면 산골짜기 사이를 가득 메운 빙하가 자기 자신의 하중과 중력을 못 이겨 비탈을 깎아내며 흘러내리는 것이 1단계다. 그렇게 해서 계곡 양쪽에 가파른 절벽과 바닥은 상대적으로 평탄한 U자형의 지형이 만들어진다. 그 뒤 2단계로 기온이 올라가 얼음은 모두 녹고 해수면이 높아져 U자 속에 바닷물이 들어오면 피오르가 완성된다.

이렇게 되면 어떤 풍경이 펼쳐질까? 눈으로 직접 보지 않은 사람은 모른다. 로키 산맥도 아름답지만, 그 계곡에 검푸른 바닷물이 수십, 수백 킬로미터나 내륙 안쪽으로 들어와 넘실거리는 경치는 하루 종일 쳐다보고 있어도 질리지 않는 또 다른 장관을 연출한다.

서울에서 올림픽이 열린 해이니 요즘 젊은이들에게는 까마득한 옛날로 느껴지겠지만, 1988년은 올림픽을 계기로 한국에서 해외 여행이 자유화된 시기이기도 하다. 나 역시 규제가 풀리기 무섭게 "기회는 찬스다!"를 외치며 배낭 하나 메고 유럽으로 뛰쳐나간 젊은이들 가운데 한 명이었다. 그때만 해도 요즘처럼 핸드폰만 열면 여행 정보가 지천으로 널린 시절이 아니었다. 제대로 된 여행 계획을 세울 여건도, 의지도 없는 상태에서 발길 닿는 대로 떠돌아다니는 수밖에 없었다. 그래도 밤에는 잠을 자야 하니, 숙소를 찾아 들어가는 대신 야간열차를 타고 이동하며 새우잠을 자는 것이 시간과 경비를 아끼는 비결이었다. 그러다 보니 본의 아니게 파리에서 로마, 암스테르담에서 뮌헨, 취리히에서 바르셀로나 등 유레일패스가 통하는 구간을 수도 없이 오가게 되었다. 그런 가운데 중간 중간 다른 배낭족들을 만나 며칠 함께 다니기도 하고, 헤어졌다가 며칠 후 우연히 또다시 만나기도 한다.

당시 지질학을 전공하고 있던 나는 북유럽의 빙하 지역도 꼭 가보고 싶었다. 북쪽에서 내려온 배낭족과 마주칠 때마다 안 되는 영어로 꼬치꼬치 정보를 수집하다 보니, 노르웨이가 확 눈에 들어왔다. 오슬로에서 베르겐행 열차를 타고 스칸디나비아 산맥을 넘어가는데, 점점 고도가 높아지면서 출발할 때 보이던 짙푸른 색깔의 숲이 울긋불긋 단풍으로 바뀌더니 급기야 온 천지가 눈으로 덮인 풍

〈사진 4-6〉 **송네피오르**

경으로 바뀌었다. 나도 모르게 눈물이 났다. 지구상에 이런 곳도 있구나 하는 감격의 눈물이기도 했지만, 그 아름다운 풍경에 흥분해 괴성을 지르며 떠들어대는 한 무리의 외국인들을 보면서 문득 고향에 두고 온 부모 형제와 친구들이 떠올랐던 것 같다. 내가 누구보다 사랑하는 그들과 이 순간을 함께하지 못하는 아쉬움의 눈물인지도 몰랐다. 그 가슴 벅찬 감격을 수다로 풀어내지 못하니, 오히려 스트레스가 되어 가슴을 짓누르는 기분이었다.

드디어 노르웨이의 그 수많은 피오르 중에서도 단연 으뜸으로 꼽히는 송네피오르를 둘러보기 위해 플람이라는 곳에서 관광선을 탔다. 송네피오르가 워낙 유명하다 보니 이것이 세계에서 제일 길고 수심도 제일 깊은 피오르라고 알고 있는 이들이 많은데, 정확히 말하면 그것은 사실이 아니다. 길이로 따지면 204킬로미터의 송네피오르는 덴마크령 그린란드의 350킬로미터짜리 피오르 때문에 세계 2위로 밀리고, 깊이 역시 남극의 스켈턴 인렛이 1,933미터에 달해 1,308미터의 송네피오르를 2위로 밀어낸다. 어쨌거나 우리나라 서해의 평균 수심이 44미터 남짓이라는 점을 생각하면 이 협만이 얼마나 깊은지 상상이 간다.

겉모습만 봐서는 커다란 강으로 착각하기 좋은 이 기묘한 바다 위를 달리다 보면 양쪽 해안의 깎아지른 절벽 사이에 군데군데 분지가 펼쳐지는데, 그런 곳마다 어김없이 조그만 마을들이 그림처럼 들어앉아 있다. 지금은 이름도 잊어버린 어느 마을, 숲으로 둘러싸인 방갈로(숙소)를 나와 마을 언덕 위로 올라가니, 더 이상 다른 곳으로 떠나기가 싫어졌다. 애초 일정이고 뭐고, 잔디밭에 큰대자로 누워 바다와 절벽과 폭포를 바라보는 것 말고는 아무것도 하지 않고 그야말로 꿈같은 하루를 보냈다.

다음 날 겨우 정신을 수습해 배에 오르니, 외모만으로도 친숙한 동양 젊은이 세 명이 타고 있었다. 알고 보니 두 명은 한국에서 온

대학생이고 나머지 한 명은 홍콩에서 왔다고 했다. 나는 그들을 상대로 맺힌 한이라도 풀 듯이 U자형 계곡, 빙하에 의해 긁힌 자국(빙하 조선), 피오르, 호른 등에 대해 침을 튀기며 설명했고, 서툰 영어에도 불구하고 홍콩 친구도 열심히 들어 주었다.

종착지에 도착한 뒤 각자의 여행 스케줄에 따라 헤어질 수밖에 없었는데, 떠나는 기차 시간이 남아 있어 우리는 함께 그 작은 도시를 둘러보았다. 그때까지도 피오르의 여운이 가시지 않아 우리는 콧노래를 부르고 팔짝팔짝 뛰며 어린애들처럼 거리를 돌아다녔다. 그때 한국 학생 한 명이 갑자기 두 팔을 치켜들며 난데없이 "만세!!"를 외쳤다. 나도 얼떨결에 따라했는데, 옆에 있던 홍콩 친구가 무슨 일이냐고 묻기에 장난삼아 '헤어질 때 아쉬워하는 인사'라고 둘러댔다. 한참 후 그 친구는 기차에 오르다 말고 우리를 향해 두 팔을 치켜들며 만세를 외쳤다. 아뿔싸!! 우리도 함께 만세를 따라 외치며 크게 웃었다.

일주일 후 그 홍콩 친구를 스웨덴의 스톡홀름에서 우연히 다시 만났다. 어찌나 반가운지 포옹으로 인사를 한 후 잠시 이야기를 나누고 헤어지는데, 그 친구 또 큰 소리로 만세를 외쳤다. 미안하다 친구야, 농담으로 한 건데…….

피오르와 리아스

참고로, 피오르 해안이 언급될 때마다 쌍으로 함께 엮이는 것이리아스식 해안이다. 빙하가 발달한 고위도의 추운 지방에 피오르 해안이 생긴다면, 그밖의 지역에서 하천의 침식이 이루어진 곳에 리아스식 해안이 형성된다. 우리나라의 서해와 남해에서 흔히 볼 수 있는 리아스식 해안은 하천이 발달했던 곳에 바닷물이 들어온 경우다. 신생대 초에 일어난 지각 운동으로 동쪽이 융기하고 서쪽 이 침강하여 생긴 동고서저의 지형에 해수면이 상승하면서 생긴 결 과다. 반면 유럽의 에게해 동서쪽은 땅이 침강하면서 바닷물이 들 어와 역시 비슷한 지형을 이루게 된 곳이다.

마지막으로 돌발 퀴즈 하나. 노르웨이와 일본은 국토의 면적이 비슷하다. 두 나라 중 해안선은 어디가 더 길까? 일본은 섬나라니 사면이 전부 바다고, 노르웨이는 서쪽만 바다에 접해 있을 뿐 동쪽 과 북쪽은 스웨덴과 핀란드에 가로막힌 내륙이다. 그럼에도 불구 하고 해안선은 노르웨이가 일본보다 두 배 가까이 길다. 일본 역시 리아스식 해안이 많아 국토 면적에 비해 해안선 길이가 아주 긴 편 이지만(29,020킬로미터, 세계 12위) 노르웨이는 53,199킬로미터의 해 안선 길이로 세계 랭킹 7위에 올라 있다. 꼬불꼬불한 라면 면발을 쭉 펴면 무지하게 길어지듯이, 길이로 따지면 리아스식 해안은 피 오르 해안의 상대가 되지 않는다.

그럼 세계에서 해안선이 가장 긴 나라는? 정답은 캐나다다. 캐나 다 역시 동부에 피오르 해안이 많아 그 해안선을 모두 펴면 지구를 다섯 바퀴 돌고도 남을 만큼 길어진다. 2위는 미국, 3위는 러시아 순서다.

행성 이야기

미국 애리조나 주에 플래그스태프라는 도시가 있다. 사막 한복판에 자리한 인구 6만가량의 전형적인 소도시인데, 그랜드 캐니언으로 들어가는 관문 가운데 한 곳이라 이따금 찾는 사람들이 있는 모양이다. 그랜드 캐니언은 앞에서 이미 언급했으니, 여기서 이 도시 이야기를 꺼내는 것은 거기에 자리한 자그마한 천문대를 소개하기 위함이다. 이름하여 로웰 천문대, 설립자인 퍼시벌 로웰(Percival Lowell, 1855~1916)이 1894년에 만든 사립 천문대다. 플래그스태프는 해발고도가 2천 미터를 넘고, 사막 기후라 1년 내내 날이 맑으며, 대도시에서 떨어져 있어 광공해를 걱정할 필요가 없으니 천문대를 세우기에는 최적의 조건을 갖춘 곳이다.

본론으로 들어가기에 앞서, 로웰이라는 이 특이한 인물을 잠깐 살펴보고 넘어가자. 보스턴에서 부유한 사업가의 아들로 태어나 하버드에서 수학을 공부했다. 졸업 이후 가업을 물려받아 방적 공장을 운영하던 그는, 아시아에 대한 호기심 때문에 일본으로 건너간다. 그가 일본에 머물던 1883년, 조선 왕실에서는 미국과 외교 관계를 모색하기 위해 사절단을 보내기로 결정한다. 이 사절단에는 민영익, 홍영식, 유길준 등 역사책에서 한 번쯤 이름을 들어보았을 법한 쟁쟁한 인물들이 포함되어 있었다. 이들이 미국으로 건너가기 위해 먼저 일본 땅을 밟았을 때, 일본 정부에서 그들을 안내할 사람으로 소개한 인물이 바로 로웰이었다.

조선의 사절단은 로웰의 안내로 무사히 미국 방문을 마치고 돌아왔고, 왕실은 그 답례로 로웰을 조선에 초대했다. 이렇게 해서 조선을 찾은 이 미국 청년은 석 달 동안 융숭한 대접을 받으며 잘 놀다가 돌아갔는데, 그때의 견문을 〈조선: 고요한 아침의 나라〉라는 제목의 책으로 펴냈다.

〈사진 4-7〉 〈조선: 고요한 아침의 나라〉 책 표지

화성인을 찾아라!

1893년에 미국으로 돌아간 로웰은 그 이듬해에 뜬금없이 천문대를 만들었는데, 그 사연도 재미있다. 당시 로웰은 이탈리아의 저명한 천문학자가 발표한 연구 결과를 통해 화성에 '운하'가 있다는 주장을 접했다. 화성에 운하가 있다고? 운하라고 하면 인공적으로 만든 물길을 뜻하는데, 그렇다면 화성에 운하를 만들 만한 생명체가 있다는 것인가?

이렇게 해서 화성에 꽂힌 로웰은 아예 천문대를 만들고 직경 61센티미터 굴절 망원경을 설치해 직접 화성을 관찰하기 시작했다. 아니나 다를까 그는 뚜렷한 운하의 흔적을 발견했고, 세 권의 저서를 통해 이른바 '화성인'의 존재를 주장하고 나섰다. 지구에서 망원경으로 보일 정도로 대규모의 운하를 건설한 지적 생명체의 존재를 철석같이 믿었던 것이다.

그런데 문제는 처음 화성의 운하를 언급한 이탈리아 천문학자의 어휘 선택에서 비롯되었다. 그가 쓴 이탈리아어의 canali라는 단어는 '(자연적으로 생긴) 물길'을 의미하는데, 그 논문을 프랑스에 소개한 학자가 그것을 canal로 번역한 것이다. 영어의 canal은 그 자체에 '인공적으로 만든' 물길이라는 의미가 내포되어 있다. 1960년대에 미국이 보낸 화성 탐사선들에 의해 로웰이 운하로 착각했던 것이 사실은 한 줄로 길게 이어진 크레이터라는 사실이 밝혀졌지만, 지금도 이따금 화성에 운하와 피라미드, 심지어는 사람 얼굴을 본뜬 '인면암'이 있다는 음모론이 인터넷에 올라오곤 한다.

로웰의 화성인 찾기는 결과적으로 실패로 돌아갔지만, 이후 그는 아홉 번째 행성을 찾는 일에 몰두한다. 태양계의 행성들 중 수성, 금성, 화성, 목성, 토성까지는 이미 까마득한 옛날 사람들도 알고 있었다. 우리의 한 주가 '음양'을 뜻하는 태양(일)과 달(월), 그리고 이 다섯 개의 행성(5행), 즉 음양 5행으로 이루어져 있는 이유다.

그러다가 1781년에 독일계 영국인인 윌리엄 허셜(Frederick William Herschel, 1738~1822)과 그의 여동생 캐롤라인 허셜(Caroline Herschel, 1750~1848)이 천왕성을 발견했고, 이어서 1846년에는 해왕성이 발견되었다. 프랑스 사람인 위르뱅 장 조제프 르베리에(Urbain Jean Joseph Le Verrier, 1811~1870)가 위치를 계산했고, 이 자료를 토대로 독일인 요한 고트프리트 갈레(1812~1910)와 하인리히 루트비히 다레스트(Heinrich Ludwig d'Arrest, 1822~1875)가 발견한 것으로 되어 있다.

토성까지가 사람의 맨눈으로 발견된 것에 비해, 천왕성은 망원경을 통해 발견된 최초의 행성이다. 물론 해왕성을 실제로 발견한 천문학자들도 망원경을 이용하기는 했지만, 그 이전에 르베리에는 순전히 뉴턴의 만유인력의 법칙에 따른 수식 계산만 가지고 제8행성의 존재를 알아냈다고 한다.

그런데 막상 해왕성이 발견되고 나서 그 좌표와 크기, 공전 속도 등을 르베리에가 계산한 수식과 비교해보니 딱 맞아 떨어지지 않는다는 사실이 밝혀졌다. 이는 해왕성 다음에 또 하나의 행성이 존재할 것이라는 예측으로 이어졌고, 그때부터 이 제9의 행성을 찾기 위한 보이지 않는 경쟁이 시작되었다. 말하자면 로웰 역시 이 경쟁에 뛰어든 셈이다. 1906년부터 본격적으로 제9행성 찾기에 나선 로

웰은, 그러나 안타깝게도 마지막 꿈을 이루지 못하고 1916년 61세
의 나이로 세상을 떠난다. 그의 시신은 자신이 만든 로웰 천문대 안
의 묘소에 안치되어 있다.

〈사진 4-8〉 **로웰 천문대**

1. 천문대 전경   2. 13-inch(32.5cm) 명왕성 발견 망원경
3. 표지판 -명왕성의 집   4. 박물관

아홉 번째 행성을 찾아라!

비록 로웰은 끝내 아홉 번째 행성을 찾아내지 못하고 세상을 떠났지만, 그의 꿈은 그가 눈을 감은 지 15년 만에 바로 그 로웰 천문대에서 극적으로 이루어진다. 당시만 해도 천문학 학사 학위조차 없이 그저 보조 연구원으로 일하던 클라이드 톰보(Clyde William Tombaugh, 1906~1997)라는 청년이 덜컥 제9의 행성을 발견한 것이다. 그게 1930년이니, 톰보의 나이 스물네 살 때의 일이다.

부잣집 아들이었던 로웰과는 달리, 시카고 근교의 시골에서 농부의 아들로 태어난 톰보는 돈이 없어 대학에 가지 못했다. 하지만 어릴 때부터 별에 심취했던 그는 자기 손으로 직접 망원경을 만들어 밤하늘을 들여다보았고, 자신이 관찰한 화성과 목성을 그림으로 그려 로웰 천문대로 보냈다. 일이 되려고 그랬는지, 청년의 열정에 탄복한 천문대에서는 그에게 일자리를 제안했다. 이렇게 해서 톰보는 1929년부터 로웰 천문대에서 일하기 시작했는데, 불과 1년 만에 대형 사고를 터뜨렸다. 로웰이 그토록 원했던 아홉 번째 행성을 발견한 것인데, 이 새로운 행성에는 명왕성(Pluto)이라는 그럴듯한 이름이 붙었다.

사실 이 행성은 발견 당시부터 조금 애매한 데가 있었다. 당장 크기부터가 다른 행성에 비해 너무 작아서(달보다 약간 더 큰 정도) 천왕성과 해왕성의 궤도에 영향을 줄 처지가 못 되어 보였다. 그럼에도 불구하고 천왕성과 해왕성 발견의 공로를 모두 유럽에게 빼앗긴 미국 천문학계의 전폭적인 지원에 힘입어, 명왕성은 공식적으로 아홉 번째 행성으로서의 지위를 확보하게 되었다.

한편 무명의 천문대 직원에서 하루아침에 영웅이 된 톰보는 이후 캔사스 대학에서 본격적으로 천문학을 공부했고, 뉴멕시코 주립대학의 교수가 되었다. 그동안 그는 혜성 하나와 성단 6개, 초은하단 하나, 소행성 750개 이상을 발견하는 등 성공적인 천문학자의 삶을 살았다. 심지어 1997년 90세의 나이로 세상을 떠난 뒤에도 2006년에 발사된 우주탐사선 뉴 허라이즌스(New Horizons) 호에 유골 일부가 실려, 죽어서나마 지구를 탈출한 최초의 인류로 기록되는 영광을 안았다. 그의 유골을 실은 무인탐사선은 2015년에 그가 발견한 명왕성에 도착했다.

명왕성 아웃!

수, 금, 지, 화, 목, 토, 천, 해……

뭔가 아쉬움이 짙게 남는 목록이다. 우리는 오랫동안 태양계하면 당연히 명왕성까지이고 따라서 태양계의 반지름은 40AU, 즉 지구와 태양 사이의 거리(1AU)의 약 40배로 알고 있었다. 그런데 어느 날 갑자기 명왕성은 행성이 아니라는 이유로 쫓겨나 버렸다.

위에서 자세히 설명했듯이, 명왕성은 유일하게 유럽인이 아닌 미국의 톰보에 의해 발견된 행성이다. 그러나 그가 죽고 10년이 지난 2006년, 국제천문연맹은 '태양계 내의 행성들은 태양 주위를 돌고, 구형에 가까운 형태를 유지하는 질량을 가지고 있으며, 궤도 주변의 다른 천체를 배제하고, 다른 행성의 위성이 아니어야 한다.'라는 보통 사람은 이해하기 힘든 기준을 새로 마련하여 명왕성의 행성 지위를 박탈했다. 심지어 이름조차 뭔가 있어 보이는 '명왕성'에서 별 볼일 없어 보이는 '왜소 행성 134340'으로 바뀌었다. 사실 문제는 처음부터 있었다. 명왕성을 태양계의 9번째 행성으로 등극시키기 위해 미국이 엄청난 노력을 했다는 사실은 천문학계의 알려진 비밀이다. 결국은 행성으로서의 자격이 부족한 명왕성이 제자리를 찾아간 셈이다.

그럼 정작 우리가 알고 있는 행성이란 무엇일까? 옛날 사람들은 행성(行星)을 '떠돌이 별'이라고 불렀다. 여기저기 돌아다니는 별이라는 뜻이다. 가끔은 혹성(惑星)이라고도 불리는데, 그것은 일본 사람들이 쓰던 말이다. 1968년에 나온 영화 〈혹성 탈출〉로 인해 더욱 익숙해진 이름이다. 엄밀히 말하면 행성은 별은 아니다. 별(Star)은 스스로 타서 빛을 내는 항성(恒星)으로, 자기 자리가 고정되어 있는 붙박이 별이다. 그렇지만 우리가 행성의 실체를 정확히 모르던 시절, 우리 눈으로 보기에 별과 똑같이 빛은 내지만 한 곳에 머물러 있지 않고 계속 옮겨 다니는 별들을 다른 진짜 별들과 구분해서 행성이라 불렀다.

행성은 크게 지구의 공전 궤도를 기준으로 내행성과 외행성으로 구분하며, 물리적 특성을 기준으로 지구형 행성과 목성형 행성으로 각각 구분한다. 먼저 내행성과 외행성에 대해서 살펴보자. 한참 앞에서 언급했듯이, 지구보다 가까이에서 태양 주위를 공전하면 내행성, 지구 바깥 궤도를 돌면 외행성이다. 구분 기준은 간단하지만 실

〈그림 4-6〉 **태양계 행성들**

제로 우리 눈으로 구별하는 것은 쉽지 않다.

가장 큰 차이점은 내행성은 절대로 한밤중에는 보이지 않는다는 사실이다. 이는 지구에서 볼 때 지구 안쪽 궤도를 도는 수성과 금성이 태양으로부터 일정한 각도를 벗어나지 않기 때문이다. 수성은 말할 것도 없고, 금성이 태양으로부터 최대로 벗어날 때의 각도가 48도이다. 다시 말하면 수성과 금성은 항상 태양 근처에서만 볼 수 있다는 것이다.

사실 낮에도 태양을 잘 가리면 수성과 금성을 볼 수 있다. 그러나 일반적으로 태양이 지평선 근처에 있는 새벽이나 초저녁에 관측이 되고, 태양이 반대편에 있는 한밤중에는 절대로 볼 수 없다. 더구나 태양의 오른편에 있을 때는 새벽에, 왼편에 있을 때는 초저녁에 관측이 가능하며, 태양-내행성-지구의 위치에 따라 관측할 수 있는 시간도 매일매일 달라진다. 가장 오랫동안 관측 가능한 시간은 금성이 태양으로부터 가장 멀리 떨어져 있을 때로 태양이 뜨기 전이나 진 후 약 3시간이다.

이와 관련해 잠시 사족을 하나 덧붙이자면, 우리는 어릴 적에 북한이 주민들에게 소위 '샛별 보기 운동'이라는 것을 시킨다고 배웠다. 여기서 샛별은 새벽에 보이는 금성을 말하는데 앞서 설명한 것처럼 금성은 매일 뜨는 시각이 변하고, 때로는 초저녁에만 보일 뿐 새벽에는 아예 뜨지도 않는다. 물론 가장 빠른 경우, 태양보다 3시간 먼저 뜨기 때문에 그만큼 일찍 일어나서 일을 하라는 의미일 것이라고 짐작은 하지만 엄밀히 말하면 모순된 얘기다.

또 하나, 행성의 이름을 보면 목성이 제우스신을 뜻하는 주피터(Jupiter)로 행성의 대장 대접을 받는다. 실제로는 금성이 가장 밝음에도 불구하고 목성한테 그 지위를 빼앗긴 것은 안타깝게도 온 밤을 지배하지 못하는 한계 때문이었다.

또 하나 더, 금성은 지동설(태양 중심설)의 보편화에 결정적인 역할을 했다. 코페르니쿠스가 지동설을 주장할 당시 대부분의 사람들은 쉽게 믿으려 하지 않았다. 천동설(지구 중심설)로도 행성들의 운동을 포함한 모든 것들이 충분히 설명되었기 때문이다. 하지만 갈릴레이는 자신이 만든 망원경으로 금성의 드라마틱한 모양 변화를 관측하여 여러 사람에게 보여 주었고, 그 이전의 천동설로는 도저히 설명되지 않는 모양과 크기의 변화가 나타나니 지동설을 믿지 않을 수 없었던 것이다.

한편 모든 행성들의 공전 궤도면은 거의 평행하다. 그래서 지구에서 다른 행성들을 보려면 황도 부근에서 찾아야 한다. 황도는 천구의 적도와 23.5도 경사져 있어 정확한 경로는 성도를 봐야 알 수 있지만 대략적인 것은 황도 12궁을 이용하면 된다. 즉, 황도 부근의 12개의 별자리에 속하는 별이 아닌 낯선 별이 보이면 그것은 거의 행성이다. 그것도 늦은 밤에 보이면 화성, 목성, 토성 중 하나다. 만일 새벽이나 초저녁에 보인다면 화, 목, 토에 수성과 금성을 추가해야 한다.

밝기는 행성의 반사율과 지구와의 거리에 따라 달라지는데, 평균적으로 금성이 가장 밝고 그 다음이 목성, 토성 순이다. 화성은 이름에서도 알 수 있듯이 붉게 보인다. 화성이 붉게 보이는 것은 산소가 있기 때문이다. 토양이 산화되어 붉게 보이는 것이다. 맨눈으로 볼 수 있는 행성은 이렇게 5개다. 천왕성과 해왕성은 눈으로는 볼 수 없고 망원경을 통해서만 관측이 가능하다. 명왕성은 말할 것도 없다.

가자, 화성으로!

오래전부터 전 세계의 수많은 과학자들이 지구에 더 이상 사람이 살 수 없게 될 경우를 대비해 화성을 제2의 지구로 변화시킬 방법을 연구하고 있다. 이른바 테라포밍(terraforming)인데, 그 시나리오를 간단히 살펴보자.

우리 인간과 같은 생물이 살기 위한 최소한의 조건을 충족하려면 적당한 온도와 산소, 그리고 물이 있어야 한다. 화성에는 산소를 포함한 대기가 있다. 문제는 그 양이 적어서 온실 효과가 너무 낮다는 점이다. 그래서 제일 먼저 해야 할 일은 화성 대기에 온실기체의 양을 증가시켜 온도를 높이는 것이다.

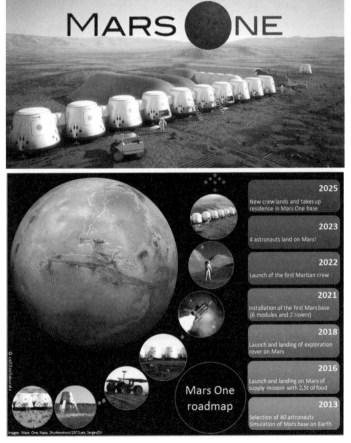

〈그림 4-7〉 **마스(화성) 원 프로젝트**

그것은 이미 우리가 지구에서 해본 과정이다. 이산화탄소나 프레온가스 같은 온실 기체를 많이 내뿜는 공장을 화성에 지으면 된다. 그래서 기온이 올라가면 얼음과 드라이아이스로 이루어진 극지방의 극관이 녹는다. 극관이 녹으면 물이 생기고 동시에 이산화탄소의 양도 늘어나 대기의 온도는 더 올라갈 것이다. 마지막 남은 문제는 산소의 양을 증가시키는 것인데, 그것은 화성에 나무를 포함한 식물을 심으면 해결된다. 즉, 식물의 광합성으로 산소를 만드는 것이다. 이렇게 하는데 약 40년이면 가능하다고 한다.

말이야 간단하지만 실제로 언제쯤 이런 시도가 현실화될지는 아무도 모른다. 하지만 요즘 진행되고 있는 화성 이주 프로젝트가 우리의 관심을 끈다. 테라포밍은 아니고, 화성에 기지를 건설해 실내에서 사람이 살도록 하겠다는 것인데, 네덜란드의 민간 기업이 추진하는 마스 원(Mars One) 프로젝트가 바로 그것이다.

2023년까지 자원자를 선발해 화성으로 보낸다는 계획인데, 놀라운 것은 갈 수만 있고 돌아오지는 못하는 편도 여행임에도 불구하고 24명을 모집하는 이 프로젝트에 무려 20만 명 이상의 지원자가 몰렸다는 점이다.

아무튼 인간이 화성으로 이주를 하고 다행히 그 후에도 지구에 사람이 계속 살 수 있다면, 먼 훗날 화성으로 이주한 지구인들이 고향을 방문한다고 할 때 우리는 그들을 반갑게 맞이할 수 있을까? 대답은 '글쎄'다. 왜냐하면 지구와 화성 사이의 중력 차이를 극복할 방법이 현재로서는 없기 때문이다. 어쩌면 화성에서 온 손님이 공상 만화에서나 보던 외계인 모습을 하고 있을지도 모른다.

나는 산이 좋다. 아니 등산을 참 좋아한다. 전문 산악인은 아니지만 젊었을 때부터 동네 뒷산을 비롯하여 우리나라에서 이름 꽤나 있는 산들은 대부분 올랐다. 그중에서도 지리산은 어림잡아 스무 번은 간 것 같다. 물론 매번 정상을 오른 것은 아니지만 꼭대기에 올라 "야호!"를 외치고 내려와 하산주라도 한 잔 하는 날이면 스트레스가 확 풀리고 새로운 힘이 생긴다.

대부분의 사람들은 지리산에 갈 때면 천왕봉을 오르려고 한다. 그것은 지리산의 최고 봉우리가 바로 천왕봉이기 때문이다. 물론 도중에 힘이 부쳐 포기하거나 길을 잘못 들어 엉뚱한 곳으로 가는 사람도 있고, 처음부터 촛대봉이나 토끼봉을 천왕봉으로 착각하여 그곳으로 가는 사람들도 있다.

사실 내가 지리산을 그렇게 자주 찾은 이유는 좀 다른 데 있다. 크고 작은 고민으로 마음이 심란하거나 중요한 선택의 갈림길에 섰을 때, 지리산을 찾았다. 그러면 저절로 정리가 되었다. 좀 거창하게 말하면, 지리산은 내가 사는 이유와 어떻게 살아야 하는지를 가르쳐 주었다.

그렇다. 이미 난 등산로나 이정표는 우리에겐 역사와 같다. 흔히들 역사는 단순히 지난 과거가 아니라 현재와 미래를 위한 나침반이라고 하지 않는가? 내가 남긴 작은 발자국 하나도 다음에 오르는 사람에게는 하나의 역사가 될 것이다. 그래서 지난 역사를 똑바로 아는 것, 새로운 역사를 똑바로 만드는 것 모두가 중요하다.

이렇듯 산, 아니 자연은 나에게 스승과도 같다. 그동안 세계 여러 곳을 여행하면서 느낀 것은 손오공이 아무리 뛰어나도 부처님 손바닥 안이라고 하듯이 인간 또한 대단한 존재임에는 틀림없지만 어디까지나 자연의 테두리 안에서라는 것이다. 당연한 얘기지만 그것은 인간 또한 자연의 일부이기 때문이다. 육체뿐만 아니라 정신 속에도 자연의 DNA가 작동하고 있는 것이다.

그래서 나는 가장 인간답게 사는 길은 곧 자연의 질서를 따라 사는 것이라고 생각을 가지게 되었다. 그동안 교실에서 학생들을 가르치면서 강조했던 것 또한 겉으로 보이는 자연의 현상이 아니라 그 속에 담긴 원리였다. 즉, 자연 과학적인 사고와 태도를 배우고 키우는 것이 중요하다는 이야기이다.

어찌 보면 그동안의 여행은 이러한 사실을 반복해서 확인하는 과정이었다. 지리산을 우리의 삶과 한번 비교해 보자. 과연 우리 각자가 꿈꾸는 인생의 천왕봉은 무엇일까? 나아가 우리 인류가 이루려는 천왕봉은 무엇일까? 나는 그것을 '올곧음의 결정체'라고 부른다. 다른 말로는 '행복' ≒ '정의' ≒ '민주' ≒ '평화' ≒ '복지'

≒ '천국' ≒ '파라다이스' ≒ **** 이다. 사실 특별한 것도 아니다. 그것은 이미 우리 각자가 바라는 목표이자 꿈이었고, 우리 인류가 그동안 추구해 왔던 공동선이기도 하다.

그렇다면 과연 그러한 꿈은 이루어질 수 있을까? 만일 그런 세상이 이루어진다면 어떤 모습일까? 아마도 석가나 공자, 예수와 같은 분들이 함께 사는 세상? 참 인간적(?)이기는 할지 몰라도 재미는 없을 것 같다. 어쩌면 불가능할지도 모른다. 그것은 이성과 욕심이 섞여 있는 인간-호모사피엔스에겐 영원한 꿈일지도 모른다. 그럼에도 불구하고 우리는 그 길을 향하여 열심히 가고 있다. 아름다운 종말을 향해서…….

지리산에서 천왕봉이 우리가 가려는 최종 목적지라면 어떻게 그곳에 오를 수 있을까? 무슨 특별한 수단이나 비결이라도 있는 걸까? 결론은, 없다. 있다면, 올바르게 오르는 것뿐이다. 실제로 천왕봉을 오르는 길은 최단거리의 중산리 코스 외에도 백무동이나 칠선계곡 코스, 그리고 화엄사에서 노고단을 지나는 종주 코스 등 매우 많다. 그중에서 어느 코스가 최고의 코스이며 올바른 길인가? 그것은 비교 대상이 아니라 선택의 문제라고 누구나 얘기한다.

그렇다. 그것은 분명 선택의 문제다. 좀 더 자세히 들여다보면 그 선택 속에는 본인의 의지와 상관없이 주어진 환경도 포함되어 있다. 간단한 예로 내가 사는 곳에서 지리산으로 가는 교통편이 백무동밖에 없다면 다른 길을 선택하기는 어려울 것이다. 마찬가지로 지금의 나의 모습이란 나의 의지와 환경의 혼합물이다. 부모님이나 태어난 땅과 같이 나의 선택과 상관없이 주어진 환경 속에서 나의 의지로 노력한 결과물인 것이다. 물론 여기에는 혼자의 힘이 아닌 주변의 많은 분들의 도움이 포함되어 있다.

그래서 중요한 것은 '어느 길로 갈 것인가'가 아니라 '어떻게 가고 있는가'이다. 정확히 천왕봉을 향해서 가고 있는지, 적어도 남에게 피해를 주지는 않는지, 올바른 방식으로 가고 있는지를 끊임없이 확인하는 일이다. 사실 그것은 별로 어려운 게 아니다. 이미 있는 길을 따라가기만 해도 큰 어려움은 없기 때문이다. 더구나 헷갈릴 만한 곳에는 이정표도 있으니 먹을 것을 준비하고 어느 정도 체력만 받쳐주면 된다.

물론 산을 오르다 보면 가끔 엉뚱한 곳으로 가는 사람들도 있다. 대부분 낯선 곳에 대한 호기심과 모험심이 큰 사람들이다. 그들은 그쪽에는 길이 없다고, 자칫 위험한 상황에 처할 수도 있다고 충고해도 듣지 않는다. 그러다가 실제로 안타까운 사고가 발생하기도 한다. 본능을 벗어난 욕심 때문에 정도를 벗어난다고 볼 수도 있지만, 다른 한편으로는 그런 사람들의 희생 덕분에 새로운 길이 생기기도 한다.

하지만 대부분의 사람들은 앞서거니 뒤서거니 이미 난 길을 따라 오른다. 그중에는 몸이 불편한 사람도 있고 나이가 많거나 어린 아이들도 있다. 또 자기 몸에 비해 큰 배낭을 짊어진 사람들도 있다. 그럴 때마다 우리는 그들을 그냥 지나치지 않고 서로 도우며 함께 오른다. 그것이 우리 인간이 살아가는 모습이다.

이런 생각을 할 때마다 나는 구상 시인의 〈꽃자리〉라는 시를 떠올린다. 특별히 시에 조예가 깊어서가 아니라 내가 근무했던 학교 근처에 구상 시인의 기념관이 있어 종종 들러본 탓이다.

앉은 자리가 꽃자리니라
네가 시방 가시방석처럼 여기는
너의 앉은 그 자리가
바로 꽃자리니라

나는 내가 지은 감옥 속에 갇혀 있다
너는 네가 만든 쇠사슬에 매여 있다
그는 그가 엮은 동아줄에 엮여 있다

우리는 저마다 스스로의
굴레에서 벗어났을 때
그제사 세상이 바로 보이고
삶의 보람과 기쁨을 맛본다

　나는 이 시를 읊으며 우선은 내가 있는 지금의 자리가 꽃자리라
여기고 열심히 살 것이고, 만일 그 자리가 가시방석이라고 생각되
면 꽃자리가 되도록 노력할 것이며, 잘 모르겠으면 일단 그 자리를
벗어나봐야 비로소 세상이 바로 보인다는 뜻으로 내 나름대로 이
해한다. 내가 좋아서 떠나온 길이 쇠사슬이 되고 동아줄이 되어 나
를 옭아맨다고 느껴질 때도 있지만, 막연한 후회보다는 그 속에서
조차 삶의 보람과 기쁨을 찾기 위한 노력을 게을리하지 않겠다고
다짐한다. 이 책을 펴내는 이유도 그런 다짐을 실천에 옮기기 위해

서이니, 부디 이 글을 읽는 분들은 나의 짧은 지식과 보잘것없는 글재주를 너그러이 용서해 주시기 바란다.

2016년 12월 마지막 날

그림 및 사진 차례